T0240278

Warum Nachhaltigkeit nicht nachhaltig ist

Ein gigantischer Wasserfall wurde im städtischen Bereich inmitten einer großen Straßenkreuzung angelegt. Die Autofahrer können ihn kaum wahrnehmen, da das Wasserspiel durch Bäume weitgehend von den benachbarten Straßenzügen abgeschirmt ist. Nur wenige Passanten verirren sich in die für sie verkehrsentlegene Zone, abseits von Einkaufstraßen und Fußgängerpassagen. Warum also diese Wasserpracht von vielleicht hundert Litern in der Sekunde? – Im Grunde geschieht hier das Gegenteil von Nachhaltigkeit. Während an anderer Stelle natürliche Wasserfälle und andere Gefällsbrüche energetisch über Wasserkraftanlagen zur Stromerzeugung genutzt werden, was unsere Flusslandschaften radikal in Richtung Naturferne verändert hat, wird hier mit der u. a. auf solche Weise erzeugten Energie zuvor hochgepumptes Wasser wieder herunterfallen gelassen. Es geschieht also an dieser Stelle sozusagen eine „umgekehrte Stromgewinnung". – Das Bild soll unseren in sich widersprüchlichen und insgesamt inkonsistenten Umgang mit „Nachhaltigkeit" symbolisieren.

Klaus-Dieter Hupke

Warum Nachhaltigkeit nicht nachhaltig ist

 Springer

Klaus-Dieter Hupke
Geographie und ihre Didaktik
Pädagogische Hochschule Heidelberg
Heidelberg, Deutschland

ISBN 978-3-662-63331-1   ISBN 978-3-662-63332-8   (eBook)
https://doi.org/10.1007/978-3-662-63332-8

Die Deutsche Nationalbibliothek verzeichnet diese Publikation in der Deutschen Nationalbibliografie; detaillierte bibliografische Daten sind im Internet über http://dnb.d-nb.de abrufbar.

Covermotiv: © deblik, Berlin
Covergestaltung: deblik, Berlin

Planung/Lektorat: Simon Rohlfs
Springer ist ein Imprint der eingetragenen Gesellschaft Springer-Verlag GmbH, DE und ist ein Teil von Springer Nature.
Die Anschrift der Gesellschaft ist: Heidelberger Platz 3, 14197 Berlin, Germany

Wie man sich Freunde schafft …

Als Hochschullehrer, über die Medien, aber auch als Mitglied der bürgerlichen Alltagsgesellschaft wurde ich in den vergangenen Jahren zunehmend mit der Forderung nach „Nachhaltigkeit" konfrontiert, aber auch mit den Konzepten der „Bildung für nachhaltige Entwicklung" (BNE). Diese Ansätze wurden und werden von Leuten vertreten, die oft mehrere Fernflüge pro Jahr, sei es beruflich oder aber mit Familie oder Freunden, unternehmen. Immer wieder stellte ich mir die Frage: Ist so etwas „nachhaltig"? – Ja, das ist es. Oder auch wieder nicht. Das

---

Wichtige Anmerkung: In der Darstellung wird zumeist das generische Maskulinum für Frauen *und* Männer gebraucht. Es handelt sich dabei um kein biologisches oder soziales, sondern um ein rein „grammatikalisches Geschlecht". Der Grund dieser Wahl liegt in der flüssigen und mitunter pointierten Lesbarkeit des Textes. Ein Ausschluss oder eine Benachteiligung des weiblichen Geschlechts ist damit in keiner Weise intendiert.

hängt von der Perspektive und von der Argumentation ab. Nachhaltigkeit zeigte sich mir mehr und mehr als ein Beliebiges, das von der jeweils gewählten Argumentation, nicht von der konkreten Lebensführung abhängig war. Unter der Prämisse „Ich bin nachhaltig – Du bist nachhaltig" entsteht viel gesellschaftlicher Konsens, aber wenig gesellschaftliche Bewegung. Wenn doch einmal bestimmte Lebensformen oder Verhaltensweisen an den Pranger kommen, dann sind es aber nahezu immer die Anderen.

Die Nachhaltigkeitsdebatte wiegt uns in der Illusion, man könne „Ökologie", Ökonomie, Soziales und Kultur irgendwie zum Vorteil aller verschmelzen. Wobei sich in der Realität u. a. „ökologische" Nachhaltigkeit und ökonomische Nachhaltigkeit in der Regel wie Antagonisten verhalten. Natürlich gibt es Ökonomen, die behaupten, dass auch die gesetzlichen Zwangsverpflichtungen des Umweltschutzes das Bruttoinlandsprodukt erhöhten. Aber es gibt auch die ebenfalls bekannte Rechnung, wonach Verkehrsunfälle (über den Wiederherstellungsbedarf) das Wirtschaftswachstum voranbringen. Wobei jedes Kind weiß, dass man durch Unfälle ärmer und nicht reicher wird. Für den Umweltschutz gilt das aber auch.

In „ökologischer" Hinsicht sind Kriege und die Vernichtung von Menschenleben besonders „nachhaltig". Wer diese Aussage für menschenverachtend hält, sei darauf verwiesen, dass das zumeist unwidersprochene Jammern um die inzwischen nahezu erreichte achte Milliarde Menschenleben dies eben auch ist. In sozialer (und auch sonst selbstverständlich in jeder humanen Hinsicht) sind Kriege aber eben gerade nicht nachhaltig!

Wenn es uns allen dagegen gutgeht, ist dies von den Voraussetzungen her ökonomisch und sozial nachhaltig. „Ökologisch" ist es das aber eben gerade nicht! Auch ist es keineswegs so, dass bei einer weiteren Steigerung des Energie- und Rohstoffverbrauchs unsere Ökonomie aus

„ökologischen" Gründen bald zusammenbrechen müsste. Entsprechende Prophetien sind von Thomas Robert Malthus bis zum Club of Rome stets Behauptungen ohne stringente Beweisführung geblieben. Trotz mehr als zwei Jahrhunderten nahezu kontinuierlichen Wachstums der Weltbevölkerung wie des Weltenergie- und –rohstoffverbrauchs wird noch keine pragmatische Obergrenze sichtbar (trotz aller durchaus intrinsisch guten Argumente zugunsten von mehr „ökologischem" Bewusstsein im Bereich des Natur- und Umweltschutzes). Die erwartete globale Klimaveränderung durch den Menschen wird Gewinner und Verlierer schaffen. Den meeresüberfluteten Räumen und den sich vermutlich ausbreitenden Wüsten werden wohl noch größere Gebiete in Kanada und im Norden und Osten Russlands, vielleicht auch auf Grönland und in der Antarktis, gegenüberstehen, die durch die Erwärmung überhaupt erst nutzbar werden. (Trotz guter Gründe, das Klima auf annähernd dem jetzigen Stand zu stabilisieren): Ein wie auch immer geartetes Ende des Menschen bedeutet die Klimaerwärmung jedenfalls nicht. Im (prä-)historischen Vergleich sind globale Nutzungsmaxima stets in Warmzeiten aufgetreten.

Das vorliegende Buch will diese Widersprüche darlegen und zu klären versuchen. Eine Parteinahme gegen eine „ökologische" Kehrtwende ist es nicht, auch wenn es sich in Teilen so lesen ließe. Es ist aber auch kein Votum gegen ökonomische Entwicklung, gegen sozialen Ausgleich, gegen kulturelle Vielfalt. Im Gegenteil: Alles das sind entscheidende gesellschaftliche Zielvorstellungen. Diese stehen aber weitgehend für sich und decken sich keineswegs mit den anderen, konkurrierenden Wertvorstellungen, wie dies der integrierte Nachhaltigkeitsansatz nahelegt. In vieler (ja, in fast jeder) Hinsicht konkurrieren diese Werte untereinander, wenn man sie praktisch umsetzt.

Gesellschaftliche Werte und gesellschaftlicher Wandel müssen immer wieder neu ausdiskutiert und austariert werden. Dabei werden „ökologische", wirtschaftliche und soziale Ziele selten gemeinsam erreicht werden können. Die dabei auftretenden Widersprüche müssen ertragen und dürfen nicht durch einen scheinintegrativen Ansatz überdeckt werden. – Dies aufzuzeigen aber ist genau das Anliegen dieses Buches.

Der Nachhaltigkeitsansatz wird im Rahmen des Buches auf zwei getrennten Ebenen untersucht. Zum einen ist der individuelle Lebensentwurf im Fokus. Schließlich werden Aufrufe zur Nachhaltigkeit auch an den je Einzelnen gerichtet, der sein Lebenskonzept im Hinblick auf mehr Nachhaltigkeit verändern soll. Da der Einzelne in Hinsicht auf die Gesamtstrukturen nur eine äußerst marginale Einflussmöglichkeit besitzt, die sich lebenspraktisch nicht auswirkt, ist die Einzelhaltung (z. B.: Wählen gehen! Abfälle trennen!) eher im Bereich des Symbolischen oder des Pädagogischen (Vorbildcharakter für Andere) anzusiedeln.

Zu dieser Einzelverantwortlichkeit des gesellschaftlichen Individuums kontrastiert eine Kollektivverantwortlichkeit der Gesamtgesellschaft bzw. des gesellschaftlichen Gesamtsystems. Gesetzliche Auflagen und politische Zuständigkeiten müssen ja auch schließlich im kollektiven Rahmen geändert werden.

Zwischen Einzelverantwortung und struktureller Gesamtverantwortlichkeit besteht somit ein deutliches Spannungsverhältnis. Dennoch sind in der Nachhaltigkeitsdebatte fast stets beide Ebenen angesprochen. Im Rahmen von eher idealistisch gehaltenen Demokratiekonzepten geht auch regelmäßig die kollektive Verantwortlichkeit aus der Summe von vielen Einzelverantwortlichkeiten hervor. – Das vorliegende Buch versucht im Gegensatz dazu, die begrenzten pragmatischen Umsetzungsmöglichkeiten dieser Konzepte herauszustellen.

Eine Bemerkung noch zu Begrifflichkeit und Gegenstand dieses Buches:

Der Begriff der „Nachhaltigkeit" stammt in der vorliegenden Form aus dem 18. Jhdt und wirkt heute „sperrig" und unanschaulich. Er ist nie richtig in der Mitte der Gesellschaft angekommen. In meinem Wohnumfeld, einer „Arbeitersiedlung" im industriell geprägten Westen Heidelbergs, haben die meisten noch nie etwas von diesem Begriff gehört und können sich auch inhaltlich wenig darunter vorstellen. „Nachhaltigkeit" hat dagegen eine extreme Resonanz erfahren in der Lehrerbildung sowie in den „übergreifenden Studienbereichen" sehr vieler BA- und MA-Studiengänge. Außerdem hat er in bürgerlich-intellektuell geprägten Tages- und Wochen-Zeitungen frequenten Zugang gefunden, wie etwa bei „der Zeit" oder „der Süddeutschen". Eher weniger in die vielen kleinen lokalen Tagesblätter für eine breite Leserschaft und in die Fernsehprogramme. Allerdings sind viele Teilthemen des Nachhaltigkeitsdiskurses auch einer sehr breiten Leserschaft vertraut, insbesondere was den „Klimaschutz" betrifft und dessen wirtschaftlich und sozial verträgliche Implementierung. Diese Facetten der Nachhaltigkeitsdebatte sind durchaus in diesem Buch mit gemeint, auch wenn sie nicht unter diesem expliziten Begriff geführt werden, sofern das „Säulenmodell" der Nachhaltigkeit mit intendiert ist, das von einer Verträglichkeit der „ökologischen", der wirtschaftlichen, der sozialen und evtl. noch weiterer Perspektiven ausgeht.

Klaus-Dieter Hupke

Inhaltsverzeichnis

1

Lebensbilder, keineswegs nur fiktiv

Lieselotte Kesselgruber, 73 Jahre:
Frau Kesselgruber lebt in einem kleinen Dorf in der Nähe der oberschwäbischen Kreisstadt Biberach. Sie hat zusammen mit ihrem Mann, der vor einigen Jahren verstorben ist, eine kleine Landwirtschaft betrieben. Diese hat sie nach dem Tod des Mannes verpachtet. Geblieben ist ihr allerdings ein größerer Gemüsegarten, in dem sie mit viel Geduld Kartoffeln, Gemüse und Salat für ihre Kinder und Enkel anbaut.

Frau Kesselgruber lebt von bescheidenen 700 € Rente aus der Pensionskasse, in die ihr Mann eingezahlt hat. Dazu kommen noch die an sie entrichteten Pachtgebühren. Große Sprünge machen kann sie davon nicht. Allerdings will sie das auch nicht. Mit ihren drei Kindern und der vielen Arbeit in Haushalt und Hof hat sie niemals in den Urlaub fahren können. Fleisch isst sie nur am Sonntag und wenn ihre Kinder zum Essen kommen.

© Der/die Autor(en), exklusiv lizenziert durch Springer-Verlag GmbH, DE, ein Teil von Springer Nature 2021
K.-D. Hupke, *Warum Nachhaltigkeit nicht nachhaltig ist*,
https://doi.org/10.1007/978-3-662-63332-8_1

Ansonsten lebt sie weitgehend von dem, was der Garten so liefert. Im Herbst werden selbst angebaute Kartoffeln im Keller eingelagert. Das reicht ihr, bis der Garten neue Kartoffeln liefert. Beim Einkaufen im kleinen Supermarkt des Ortes kauft sie fast nur die günstigen Sonderangebote. Eine Zeitung hat sie nicht abonniert. Werbezeitungen, die dennoch regelmäßig bei ihr eingeworfen werden, nutzt sie zum Einpacken von Gemüse oder zum Entfachen von Feuerholz, das ihr der Sohn jeden Herbst aus dem Gemeindewald liefert, in dem die Familie noch Holzrechte besitzt. Abfall produziert der kleine Haushalt von Frau Kesselgruber nur sehr wenig, da sie organische Stoffe auf den Dunghaufen im hinteren Bereich des Gemüsegartens wirft, um diese nach ein bis zwei Jahren Lagerung wiederum als Dünger für die Beete zu verwenden. Alte Gläser und Blechdosen verwendet sie für Tomatensetzlinge auf der Fensterbank im Frühjahr, bis diese Ende Mai ins Freie gesetzt werden können. Das Gießwasser für trockene Sommertage fängt Frau Kesselgruber unter der Dachrinne auf, wo noch ihr Mann ein Regenauffangbecken errichtet hat, das mit einem Holzlattengerüst abgedeckt ist, damit ihre Enkel, die gelegentlich zu Besuch sind, nicht hineinfallen. Strom verbraucht Frau Kesselgruber nur wenig, da sie mit Holz heizt und statt in einem Kühlschrank verderbliche Lebensmittel im sehr kalten Keller tief unter dem Haus lagert. Auch elektrisches Licht braucht sie nur sehr wenig, da sie von wenigen Wintermonaten abgesehen mit der Sonne aufsteht und zu Bett geht. Aber auch da genügt ihr ein kleines Licht in dem Raum, in welchem sie sich gerade aufhält. Alle anderen Lichter macht sie aus Sparsamkeit aus.

Frau Kesselgruber ist bei den Landfrauen aktiv und im Dorf gut vernetzt. Das hilft ihr über ihre Einsamkeit die Woche über hinweg. Jeden Sonntag und jeden Feiertag geht sie in die Kirche. Für Politik interessiert sie sich nicht.

Von Nachhaltigkeit oder von Erneuerbaren Energien hat sie noch niemals etwas gehört.

An jedem Wahltag setzt Frau Kesselgruber ihr Kreuzchen unter Liste 2: CDU. So wie es ihre Eltern schon getan haben und wie es ihr Mann stets gemacht hat.

Im Sinne der Sinus-Milieus (s. Barth, 2018) ist Frau Kesselgruber dem Bereich der „Traditionellen" zuzuordnen, der auf 13 % der Bevölkerung geschätzt wird.

Jens und Anke Dörringhaus, 52 und 49 Jahre:

Herr Dörringhaus lebt in einem kleinen Vorort von Frankfurt gegen den Taunus hin, wo er sich zusammen mit seiner Frau vor einigen Jahren ein Reihenhaus gekauft hat. Kein einfaches, versteht sich. Es ist als Nullenergiehaus konzipiert und hat damals schon mehr als eine Dreiviertelmillion Euro gekostet. Dazu 240 m² Wohnfläche. Nicht zu viel, findet Jens, da er einen Fitnessraum und einen Raum für seine Spielzeugeisenbahn braucht. Da ein Energiesparhaus, ist das alles ja auch umweltverträglich. Als Ressortleiter einer angesehenen Frankfurter Tageszeitung verfügt er über ein gutes Einkommen. Da zudem noch seine Frau Anke als niedergelassene Ärztin mit eigener internistischer Praxis tätig ist, kommen beide zusammen auf ein fünfstelliges Monatseinkommen. Kinder haben sie nicht.

Da beide Ehepartner einen „Stressjob" haben, wie sie stets betonen, haben sie auch Erholung bitter nötig. Übers Wochenende machen sie gerne weite Radtouren. Dazu fahren sie mit dem Auto weit mainaufwärts bis ins Fränkische, oder auch mal ins Elsass, die Räder sind am Heck des Turbo-Geländewagens befestigt. Für die Berufstätigkeit die Woche über braucht Jens einen Audi 8. Ein Auto mit gewissem Stil, aber ohne Markenattitüde, wie Jens findet. Einen Mercedes („für Bonzen und

Stockkonservative") oder einen BMW („Fußballtrainer und Zuhälter") würde er niemals fahren. Immerhin hat es Jens in seinem Ressort mit Größen aus Wirtschaft und Politik zu tun, von denen er regelmäßig eingeladen wird oder die er zu einem Interview aufsucht. Das verpflichtet, findet Jens. Zeige mir Dein Auto und ich sage Dir, wer Du bist. Anke besitzt ein kleineres Auto. Vor zwei Jahren hat sie sich ihren Traum, einen Lotus Cabrio, erfüllt. Sie will auch mal wissen, wofür sie eigentlich arbeitet, sagt sie.

Einmal im Jahr zieht es das Ehepaar richtig weit weg. Thailand und Bali, immer im Wechsel. Diesmal wollen es die Dörringhausens mal mit den Seychellen versuchen. Beide lieben den Tauchsport und haben sich eine umfangreiche Ausrüstung gekauft.

Da aber zwischen den Haupturlauben immer fast ein gesamtes Jahr liegt, haben die Eheleute zwischendrin auch mal Kurzurlaub nötig. Zu diesem Zweck haben sie sich vor einiger Zeit ein kleines Ferienhäuschen in der Toskana gekauft. Zwei- bis dreimal im Jahr sind Jens und Anke für etwa eine Woche dort; meist wenn Feiertage an ein Wochenende anschließen. Während ihrer Abwesenheit sorgt eine Frau aus dem nahen Dorf, bei der die Dörringhausens ihren Schlüssel deponiert haben, dort für Ordnung; sie lüftet gelegentlich die Räume oder wischt die Fußböden auf. Wenn sich das Ehepaar zu einem Besuch in seinem Ferienhaus angemeldet hat, stehen schon frische Milch, Brot und eine Schale mit Obst auf dem Tisch. Der Ehepartner der Aufwärterin, der von Beruf Installateur ist, kümmert sich um Heizung und Wasser, sobald etwas zu warten oder zu reparieren ist.

Jens und Anke setzen sich sehr für den Schutz von Natur und Umwelt ein. Sie sind Mitglied im örtlichen BUND geworden. Gelegentlich helfen sie am Wochenende bei einer Aktion mit. Für regelmäßige Mitarbeit oder gar für ein Amt im Vorstand reicht allerdings ihre Zeit nicht.

Die Dörringhausens achten sehr auf ihre Ernährung. Gesund und naturverträglich soll ihre Kost sein. Die drei oder vier Restaurants, in denen das Ehepaar regelmäßig zu Abend isst, bieten Bio-Qualität aus regionaler Produktion an, was Beiden wichtig ist. Kochen wollen die Dörringhausens eigentlich nicht, aus Zeitmangel. Gelegentlich kochen sie aber doch, meist um Freunde und Kollegen privat zu bewirten. Jens kauft das Gemüse dann auf dem Wochenmarkt ein; wenn die Zeit dafür zu knapp ist, auch im Bioladen um die Ecke.

Politisch ordnen sich beide Eheleute als „kritisch", „eher: links" und „ökologisch" ein. Bei Wahlen geben sie regelmäßig den „Grünen" ihre Stimme.

Nach den Sinus-Milieus würde das Ehepaar Dörringhaus wohl zwischen den „Liberal-Intellektuellen" und den „Sozialökologischen" liegen (beide jeweils rund 7 % der Bevölkerung).

Robin Gerber, 42 Jahre

Robin Gerber hat vor mehr als einem Vierteljahrhundert gleich nach seinem Hauptschulabschluss eine Lehre in einer Gießerei in Duisburg-Marxloh begonnen. Bei guten Leistungen wurde er auch am Ende der Ausbildung übernommen. Schon zwei Jahre danach ging allerdings sein Betrieb in Konkurs. Robin hatte kurz hintereinander mehrere Beschäftigungsverhältnisse, die sich aber immer wieder zerschlugen. Robin hat daraufhin nie wieder beruflich so richtig Fuß gefasst. Nun ist er schon seit Jahren beschäftigungslos und lebt von Hartz-vier. Er steht erst um die Mittagszeit auf. Großen Hunger hat er nicht; also raucht er erst einmal zwei oder drei Zigaretten. Dann kommt der Hunger doch. Da Robin nur einen leeren Kühlschrank zu Hause hat, macht er sich auf zum Schnellimbiss, gleich um die Ecke. Dort bestellt er jeden Tag das gleiche: vier Chicken-Burger sowie eine große Portion Pommes mit Majo. Das Essen wird sofort bereitgestellt: umhüllt von Styropor, damit es warm bleibt, sowie eingepackt in Papier. Ketchup und Majo in extra Plastikbechern. Dazu Servietten zum Mundabwischen. Robin schmeckt es ganz gut, wie immer. Als er sich nach einer starken halben Stunde zum Gehen wendet, lässt er einen ganzen kleinen Berg mit Abfall auf seinem Tablett zurück. Eigentlich sollte er dieses ja in das Regal des bereitstehenden Abräumwagens stellen. Robin zuckt die Achseln und verschwindet. Er geht langsam: ein Unfall in der Gießerei hat sein Knie dauerhaft beschädigt. Außerdem hat Robin einen Body-Mass-Index von fast 35. Auf dem Weg nach Hause kommt er noch an einem Supermarkt vorbei. Robin kauft drei große Tüten Kartoffelchips und fünf Dosen Bier. Mit diesem Vorrat unter dem Arm erreicht er seine Wohnung. Erschöpft lässt er sich nach Schließen der Haustüre in seinen Wohnzimmersessel fallen. Er schaltet den Fernseher ein. PVA-Technik, nicht ganz billig. Musste aber sein, vor einem Dreivierteljahr. Nun ist es fast 16 Uhr. Robin schaut auf den Bildschirm, ohne große Anteilnahme oder gar Begeisterung. Die Sendungsformate sind ja auch immer mehr oder weniger dieselben. Nach dem Nachmittagsprogramm kommt das Abendprogramm und irgendwann auch das Nachtprogramm. Zu essen hat Robin ja genügend eingekauft. Gelegentlich hält er mit dem Essen inne und schläft kurz ein. Wieder aufgewacht futtert er weiter.

Aus seiner Siedlung heraus kommt Robin praktisch nie. Er hat daran auch kein großes Interesse. Als er noch Arbeit hatte, ist er zusammen mit Kumpels einmal nach Mallorca geflogen und einmal nach Lloret de mar.

Ein Auto hat Robin nicht mehr. Er hatte einfach kein Geld mehr, um Benzin zu kaufen. Außerdem will er ohnehin nirgendwo hin. Seit mit Jenny Schluss war, wollte er auch niemandem mehr imponieren. Und so hat er den ohnehin baufälligen Opel Astra einfach kurzerhand an einen Kumpel für 300 € verkauft.

Früher hat Robin SPD gewählt. Vor allem, weil viele seiner Kollegen das auch taten. Für Politik interessiert er sich nicht, auch wenn er Angela Merkel für eine „blöde Kuh" hält. Sie kommt für seinen Geschmack viel zu oft ins Fernsehen. Viel lieber sieht Robin Gerber Super-Models, flotte Sportwagen oder Fußball. Oder auch mal Action.

Nach dem Sinus-Modell würde Robin sicherlich zu den „Prekären" (9 % der Bevölkerung) gehören.

Lisa Schreiner mit Freund Timo Peltek (beide 25 Jahre)

Lisa hat gerade ihren Master in Medien-Design abgeschlossen und bewirbt sich auf eine feste Stelle. Sie weiß, dass das nicht leicht sein wird. Aber sie nimmt das Berufliche locker, wie sie es auch mit dem Studium getan hat. Wichtiger ist ihr das „Privatleben", vor allem die Freizeit. Mit ihrem Freund Timo ist sie regelmäßig als „Traveller" mit 12 k Gepäck im Rucksack in möglichst exotischen Weltgegenden unterwegs. Thailand, Indien, Sri Lanka und Indonesien hatten die beiden bereits, ebenso Costa Rica, Mexiko und Ecuador. Jemen und Madagaskar ihr gemeinsamer Traum, leider im ersten Falle Kriegsgebiet, im zweiten Falle Umgangssprache Französisch; eine Sprache, die beide schon in ihrer Schulzeit gehasst haben. Lisa und Timo machen sich einen Spaß daraus, Gegenden zu bereisen und zu erleben, die in keinem „Lonely planet" stehen. Noch mehr verachten sie Pauschaltouristen. Weil diese die Landschaft verschandeln und die Umwelt verschmutzen. Man muss sich nur mal die Strände vor den Hotelburgen anschauen. Und welche Musik die dort hören! Lisa schüttelt sich, wenn sie an Massentourismus denkt. Sie selbst bevorzugt es, noch von niemandem begangene Wege zu gehen. Keinem Touristen begegnen zu müssen. Erst vergangenen Sommer ist es den beiden gelungen, noch völlig unberührte Bergdörfer im westlichen Zentralsumatra zu erreichen. Beide hatten einen ganzen Tag durchwandern müssen, bis sie die Minangkabau-Siedlungen erreicht hatten. Wie stolz sie darauf waren. Wie ein Geheimnis verwahrten sie den Standort dieser Dörfer, von denen sie Fotos stolz herumzeigten und in Facebook einstellten.

Lisa liebt Ethno-Musik, wobei es ihr vor allem verschiedene Stilrichtungen des indonesischen Dangdut angetan haben. Von ihrem Notebook lädt sie gern entsprechende Songs herunter, lieber noch bringt sie diese als CDs von ihren Reisen mit.

Während sich Lisa dem Vajrayana-Buddhismus angenähert hat und gelegentlich monoton ihre Mantras betet, blieb Timo religiös weitgehend gleichgültig. Bei ihm wirkte wohl noch seine Erziehung nach: sein Vater arbeitet als Gemeindepfarrer.

Lisa lebt vegan, Timo isst immerhin auch Milchprodukte, aber nur sehr selten Fleisch. Beide tragen gerne Blue Jeans, auf ihren Reisen auch Mikrofaser; Lisa gelegentlich auch Batiksachen, die sie in Südostasien gekauft hat. Zusammen fahren die beiden einen alten VW Polo, den Lisa einst von ihrer Oma, einer Amtsarzt-Witwe, erhalten hatte.

Lisa und Timo engagieren sich in ihrer Freizeit aber auch in der Flüchtlingshilfe, Lisa auch im Tierschutz (PETA). Beide wählten bislang die Piraten-Partei. Nun sind sie unsicher. Zu anderen politischen Gruppierungen haben sie nur wenig Bezug.

Nach dem Sinus-Modell wären Lisa und Timo den „Expeditiven" zuzuordnen (8 % der Bevölkerung).

Die vier Personengruppen wurden nicht zufällig ausgewählt. Sie stehen, verortbar im Sinus-Diagramm, für zwar durchaus repräsentative, von der Mitte der Gesellschaft aber jeweils deutlich abweichende Gruppierungen. Von der Bürgerlichen Mitte her gesehen, stehen sie für gleichsam extreme Lebensstile. Da die Bürgerliche Mitte in der Mittelung dieser Extremstile quasi mit vertreten ist, wurde sie als eigene Gruppe im Rahmen dieser Betrachtung ausgespart.

Auch in der Altersstruktur der ausgewählten vier Personen(gruppen) wurde darauf geachtet, die gesamte Spannbreite der erwachsenen Generationen einigermaßen repräsentativ abzubilden.

Welcher der dargestellten vier Lebensstile ist am ehesten nachhaltig?

Diese Frage ist bei der Komplexität einer konkreten Lebenssituation nur schwer zu beantworten.

Herr und Frau Dörringhaus haben beide einen langen Arbeitstag und fühlen sich sicherlich nicht ganz zu Unrecht immer wieder „unter Stress". Da beide eine hochwirksame gesellschaftliche Position mit Multiplikatoreffekten einnehmen, gelingt es ihnen sicherlich, ihre ökologisch-nachhaltigen Vorstellungen (eher: Ehemann) wie ihre gesundheitlich nachhaltigen Konzepte (eher: Ehefrau) breit zu streuen und mitzuhelfen, diese gesellschaftlich zu verankern.

Nicht nachhaltig ist, dass das Ehepaar Dörringhaus, bedingt durch Fernreisen, Ferienhaus in der Toskana und Wochenendausflüge, sicherlich ein paar Zehntausend Kilometer mehr im Jahr zurücklegt als der rein rechnerische Durchschnittsbürger. Diese Strecken dienen allein dem privaten Vergnügen und sind auch mit keinem großen erkennbaren Multiplikatoreffekt verbunden (verglichen etwa mit dem Vertreter eine NGO, der vergleichbar viel oder noch mehr reist, aber die Öffentlichkeit durch seine dadurch möglichen Recherchen und Berichte „wachrüttelt").

Als nachhaltig kann das energiesparende Eigenheim der Familie gelten, wobei zumindest ein Teil des Einspareffekts durch die enormen Wohnflächen (einschl. Zweitwohnsitz) wieder zunichtegemacht wird. Außerdem lässt der hohe Kaufpreis des Eigenheims darauf schließen, dass in erheblichem Maße Wertstoffe eingearbeitet wurden sowie ein höherer Erstellungsenergieaufwand dem geringeren Nutzungsenergieaufwand gegenübergestellt werden muss.

Nachhaltig ist die bevorzugte Biokost möglicherweise in Bezug auf die Gesundheit des Paares. Allerdings sind die Erträge im Biolandbau als Folge einer extensiveren Wirtschaftsweise mit weniger Schädlingsbekämpfung und weniger Düngung im Durchschnitt deutlich geringer als in der „konventionellen" Landwirtschaft. Immerhin ist vorstellbar, dass die gesamte Erdbevölkerung von nahezu acht Milliarden Menschen so ernährt werden könnte. Das allerdings würde größere Flächen erfordern. Von welchem Bereich würde dieser Flächenzuwachs denn abgehen? Vom Naturschutz oder von den Flächen für erneuerbare Energien? Diese Überlegung lässt auch den Biolandbau nur als eingeschränkt nachhaltig erscheinen.

Für Kinder hatte das Ehepaar Dörringhaus schlichtweg keine Zeit. Oder, um es anders auszudrücken, das berufliche Leben und die soziale Wirksamkeit nach außen hin, aber auch ihre Freizeit, schienen den beiden eigentlich immer wichtiger als eine Familie zu gründen. Die Kinderlosigkeit des Ehepaars kann man als ökologisch nachhaltig sehen (immerhin bewegt sich die Einwohnerzahl der Erde mittlerweile auf acht Milliarden zu; ein Ende der Zunahme ist noch nicht absehbar). Die Kinderlosigkeit ist allerdings absolut nicht nachhaltig im Sinne der sozialen und ökonomischen Reproduktion der an sich geburtenarmen Gesellschaft, in der die Dörringhausens leben. Möglicherweise hat das Ehepaar ein paar Hunderttausend Euro als Altersvorsorge zurückgelegt. Sicher ist das allerdings nicht: Immerhin haben die beiden ein komfortables Eigenheim am Taunusrand abzuzahlen sowie ein Ferienhaus in der Toskana; ganz abgesehen von drei teuren Autos sowie den vielen Reisen. In der Altersversorgung ist unser Ehepaar, bei allen formal angehäuften Ansprüchen, wohl einfach auf die Kinder meist nicht ganz so gut situierter Leute angewiesen, welche in zwei oder drei Jahrzehnten ihre Rente erwirtschaften müssen. Bei zwei vollen Altersversorgungsansprüchen werden die Dörringhausens sicherlich auch dann nicht darben.

Demgegenüber scheint die Lebenshaltung von **Frau Kesselgruber** ideal den Nachhaltigkeitskriterien zu folgen. Sie lebt sparsam und einfach, erzeugt also wenig Abfälle, belastet das Klima nur wenig, verbraucht wenig Rohstoffe. Einzuwenden erscheint lediglich, dass die Holzheizung, würde sie in Deutschland generell Schule machen, den Zustand unserer Wälder bestimmt nicht in eine Richtung hin verändert würde, die dem Naturschutz gefallen sollte; abgesehen davon, dass Holzheizungen im Allgemeinen mehr Luftschadstoffe erzeugen als eine Mineralöl- oder Erdgasheizung. Aber noch gibt es Frau Kesselgrubers und deren jüngere Nachahmer nur wenige und die Wälder sind trotz Holznutzung teilweise in einem guten Zustand.

Insoweit also bei Frau Kesselgruber alles in Ordnung? Keineswegs, denn es gibt ja neben der ökologischen u. a. auch noch die ökonomische Nachhaltigkeit. Mit Verlaub, mit der Wirtschaftsgesinnung einer Liesel Kesselgruber könnte man nur eine lokale Wirtschaft unterhalten, wie sie im Moment noch etwa die Bergregionen Albaniens bestimmt. Die fast völlige Anspruchslosigkeit der alten Frau mag ökonomisch hinnehmbar sein in einer

Gesellschaft, in der sie als Individuum die ausgesprochene Ausnahme darstellt. Würde allerdings dieser Lebensstil zum allseits befolgten Modell, wären die ökonomischen Auswirkungen schlichtweg desaströs. Die Binnennachfrage in der immer noch viertgrößten Volkswirtschaft der Erde würde fast völlig in sich zusammenbrechen. Wellen von Entlassungen würden Industrie und Dienstleistungsgewerbe heimsuchen. Diese hätten einen Selbstverstärkungseffekt zur Folge: Weniger Arbeit bedeutet weniger Einkommen und damit weniger Nachfrage. Weniger Nachfrage bedeutet weniger Arbeit und weitere Entlassungen. Und so weiter.

In dieser Hinsicht gut, dass Frau Kesselgruber doch eben nicht nur eine große Ausnahme, sondern überhaupt ein sterbendes Lebenskonzept darstellt.

Wäre da noch die Kinderfrage. Da liegt Frau Kesselgruber konträr zum Ehepaar Dörringhaus. Mit drei eigenen Kindern kann sie bereits als „kinderreich" (Behördenjargon) gelten. Das ist zunächst ökologisch belastend bei einer nach wie vor noch anwachsenden Weltbevölkerung. Für die kinderarme deutsche Bevölkerung ist es allerdings ökonomisch und sozial langfristig ein Segen, mithin: nachhaltig.

Robin Gerber vertritt den finanziell und sozial unteren Rand der Gesellschaft. Sein Lebensstil wirkt auf die sozial tonangebenden Schichten an „Gebildeten", wozu ich an dieser Stelle sowohl den Autor dieser Zeilen wie auch den Leser rechnen möchte, eher abstoßend: angefangen von Fettleibigkeit und halbtagelangem Fernglotzen bis hin zum völligen Mangel an Eigenaktivität, ohne jedes Ziel, etwas „aus seinem Leben zu machen". Keine Frage: Robin ist uns nicht sympathisch. Aber ist sein Lebensstil daher auch nicht nachhaltig?

Zunächst ist Fernsehen eine der am wenigsten rohstoff- und energieverbrauchenden Freizeitbeschäftigungen, die man sich in unserer medialen und mobilen Gesellschaft vorstellen kann, von Lesen vielleicht einmal abgesehen. Zwar benötigen Produktion und Versand des Fernsehers durchaus einige Rohstoffe und Energien. Dann aber steht er jahrelang am Standort ohne großen weiteren Verbrauch. Den Energieverbrauch zum Betrieb kann man im Vergleich zum Energieverbrauch unserer räumlichen Mobilität kaum in Anrechnung bringen.

Nicht nachhaltig ist sein Lebensstil allerdings im Hinblick auf seine Gesundheit. Rein statistisch wird er nicht alt werden. Dazu tragen Alkohol- und Zigarettenkonsum bei, vielleicht auch Übergewicht, Bewegungsmangel und Mangel an Ballaststoffen. Auch wenn dies nun nicht nur menschenverachtend klingt, sondern auch tatsächlich menschenfeindlich gedacht ist: Im Hinblick auf die mehr als 7 Mrd. Menschen auf der Erde ist das frühe Ableben von Robin nun naturökologisch kein Verlust, im Gegenteil: nachhaltig, ebenso wie seine Kinderlosigkeit. Anders als das Ehepaar Dörringhaus wird Robin Gerber dann auch nicht die zukünftige Generation für seine Altersversorgung in Anspruch nehmen müssen. Durch seinen statistisch frühen Tod findet eine Entlastung staatlicher Finanzkassen statt, da Robin nun weder Sozialhilfe noch Arbeitslosengeld-Zwei weiterhin bezieht. Damit ist sein früher Tod auch sozial und finanziell im demografischen Sinne „nachhaltig".

Ökonomisch gesehen ist allerdings der Lebensstil von Robin, da arbeitslos und ohne eigene primäre Wirtschaftsleistung, nicht als Breitenmodell für die Gesellschaft tragbar, und somit nicht nachhaltig. Allerdings hat er auf bescheidenem Niveau durchaus gewisse Ausgaben (für Unterhaltungselektronik und Lebensmittel), welche ökonomische Wirksamkeit einer Frau Kesselgruber, die des Ersteren nicht bedarf und das Zweite selbst erzeugt, deutlich übersteigen. Mithin trägt Robin die Wirtschaft mit und stimuliert indirekt auch ihren technologischen Wandel.

Da Robin Gerber sich mit „Kalorienbomben" ernährt und Ballaststoffe einspart, muss man ihm persönlich nur geringe agrare Anbauflächen zuordnen. Salate und Gemüse benötigen viel Fläche, ohne entscheidend zur kalorischen Ernährung beizutragen (dazu braucht man bekanntlich verwertbare Kohlenhydrate, Proteine und Fette, oder auch: Alkohol). Da Robin zudem auch nicht allzu viel Fleisch isst, ergibt sich auch kein großer zusätzlicher Verbrauch an flächenaufwändigeren Sekundärkalorien. Braugerste, Kartoffeln und Pflanzenöle sind als Kalorienkonzentrate auf relativ geringer Fläche zu erzeugen. Dies gilt auch noch unter der Maßgabe, dass Robin täglich mindestens zweitausend Kilokalorien mehr verspeist, als ihm eigentlich guttäte.

Auch **Lisa und Timo** essen wenig bis gar keine tierischen Nahrungsmittel, was die zugrunde liegenden Agrarflächen minimiert und als nachhaltig angesehen werden kann (einmal abgesehen von den ökonomischen Eigeninteressen von Rinderhaltern und Metzgereibetrieben).

Mit ihrem Reisestil setzen sie sich bewusst gegenüber den Massentouristen ab, die sie zunächst einmal in ihrem Lebensstil, direkter aber auch in ihrem Umweltverhalten angreifen. Aber ist ein Massentourist wirklich weniger umweltverträglich? Immerhin beansprucht er ja ein großes Hotel samt Swimmingpool und weitere Fitness- und Freizeiteinrichtungen. Von den Wirkungen in Beton kann sich jeder ein Urteil bilden, der schon einmal ein Zentrum des Fremdenverkehrs in den Alpen, am Mittelmeer oder sonst irgendwo auf der Welt gesehen hat. Demgegenüber nutzen Lisa und Timo öffentliche Buslinien, essen zusammen mit den Einheimischen in einfachen Restaurants und übernachten in einfachen Herbergen. Die Nachhaltigkeit des Backpack-Tourismus scheint für Lisa und Timo auf der Hand zu liegen.

Allerdings bestehen selbst auf einer derartig vom Massentourismus bestimmten Insel wie etwa Mallorca durchaus einsame Abschnitte, insbesondere im gebirgigen Inneren. Man trifft Dörfer, in die sich nur gelegentlich Fremde verirren, sowie einsame Fincas, die längst noch nicht alle von wohlhabenden Urlaubern aufgekauft worden sind. Selbst nahezu einsame Strandabschnitte gibt es noch. Im Grunde wird die Insel, zieht man die Millionenzahl von jährlichen Mallorcaurlaubern in Betracht, nur in erstaunlich kleinen Bereichen um einige Küstenorte herum wirklich vom Massentourismus bestimmt. Dies hängt auch mit dem Verhalten der meisten Mallorcaurlauber zusammen. Sie verlassen im Allgemeinen ihre Club- oder Hotelanlage bestenfalls zu einem kurzen Ausflug. Im Hotel oder in dessen unmittelbarer Nähe finden sie im Grunde genommen alles, was sie benötigen: Restaurants und Bars, Diskotheken und Ladengeschäfte, Friseure und geselliges Strandleben.

Dass bei der gegebenen hohen Konzentration von Touristen die entsprechenden Küstenabschnitte hoffnungslos überbaut wirken und ihren traditionellen Charakter völlig verloren haben, ist dabei die eine Seite. Andererseits wird durch die Massierung des Tourismus eine hohe Wertschöpfung auf gegebener kleiner Fläche erwirtschaftet. Fernwirkungen finden sich in fast allen Dörfern auch im Landesinneren: da von dort aus die Bewohner zur Küste tagespendeln können, verdienen sie ein nicht unbeträchtliches Einkommen und können dieses in den Erhalt ihrer Wohnhäuser investieren, die tatsächlich vielfach ein schmuckes Aussehen erhalten haben.

Umgerechnet ist der Umweltverbrauch des einzelnen Massentouristen im Vergleich maßvoll. Da die Hotelanlagen oft sieben oder acht Stockwerke hoch und somit stark verdichtet sind, ist sein persönlicher Anteil am Zersiedlungsprozess eher gering, und das bei maximalem Urlaubsspaß.

Die Massiertheit des Tourismus lässt auch traditionell „un-iberische" Einrichtungen wie Kläranlagen oder Mülltrennungs- und Sammeleinrichtungen möglich und rentabel werden. Als Fazit kann man formulieren: Teile der mallorquinischen Küste sind tatsächlich im ästhetischen Übermaß ihren historischen Traditionen entfremdet und völlig verbaut. Aber sie ermöglichen bei einer Millionenzahl von jährlichen Urlaubern sehr viel Erholung und in der Summe auch eine erhebliche wirtschaftliche Wertschöpfung. Die Alternative wäre, wie auf den kleineren Nachbarinseln zu sehen ist, eine Abwanderung vor allem der jungen und beruflich qualifizierten Wohnbevölkerung. Zudem wird die soziale Welt der Einheimischen durch die räumliche Trennung zu deren Wohnorten nur relativ wenig tangiert, Begegnungen finden zumeist nur im beruflichen Umfeld statt. Das schützt die Einheimischen vor zu viel „Überfremdung".

Wie anders sieht im Vergleich dazu der Urlaub von Lisa und Timo aus, die immer wieder nach neuen, touristisch noch nicht ausgetretenen Wegen suchen. Zwar bleiben die konkreten Auswirkungen ihrer Besuche vor Ort eher gering, was bei nur zwei Besuchern auch nicht unbedingt überrascht. Allerdings will Lisa auch in ihrem Minangkabau-Dorf in den Bergen Sumatras nicht auf Shampoo und Haarfestiger verzichten: entsprechende Schaumberge gehen in den bisher nur wenig belasteten Bergbach ab, der fast 30 Fischarten beherbergt, darunter nahezu ein Dutzend, die im Gebiet endemisch sind. Sie werden von keiner Kläranlage aufgefangen.

Um sich die schädlichen Wirkungen des Urlaubsstils von Lisa und Timo vor Augen zu stellen, muss man zu einem Gedankenexperiment greifen:

Was wäre, wenn die Millionen von Jahresurlaubern, die im Moment die relativ kleine Insel Mallorca bevölkern und dort wiederum auch nur kleinere Teile davon wirklich stark umgestaltet haben, sich dem Urlaubstil von Lisa und Timo anschließen würden? Wenn Millionen von Menschen auf großer Fläche zusätzlich ausströmen würden auf der Suche nach unberührter Natur und nach traditionellen Dörfern? Mit ihrem Haarshampoo im Gepäck und mit einem zusätzlichen Bedarf an Dutzenden von Körperpflegemitteln und persönlichen Requisiten, die langfristig wohl fast alle als Plastikmüll in der nächsten Talkerbe oder im Bachlauf enden würden? Ganz abgesehen von den sozialen und kulturellen Folgen im Hinblick auf Einbrüche in noch Natürliches, Gewachsenes oder Traditionelles.

Die Konzentration des Fremdenverkehrs in Form des Massentourismus ermöglicht maximal viel Urlaubserleben in (pro Urlauber gerechnet) ökologisch, ökonomisch, sozial und kulturell relativ nachhaltigen Formen. Der Denkfehler, wenn man Massentourismus kritisiert, besteht zumeist darin, dass man die Millioneneffekte mit Einzelreisen vergleicht. Man müsste vielmehr die Millioneneffekte des Massentourismus ebenfalls auf den Einzelnen umrechnen: Dann käme heraus, dass der Massentourist dem Individualtourismus in den meisten Betrachtungsfacetten in punkto Nachhaltigkeit überlegen ist.

Die Kritik am Massentourismus als eine sehr verbreitete intellektuelle Pflichtübung tarnt sich oft nur über Kritik an ökologischer Nachhaltigkeit oder an dessen fehlender Ästhetik. Im Kern steht stattdessen häufig die soziale Abgrenzung einer selbst empfundenen sozialen Avantgarde

gegenüber bildungsmäßig „einfachen" Bevölkerungs-
gruppen. Aber das hatten wir ja auch im Fall Robin
Gerber schon.

2

Zur Geschichte des Nachhaltigkeitsdiskurses

Spätestens seit dem Beginn des hohen Mittelalters im 10. oder 11. Jahrhundert lässt sich ein nahezu ständig wachsender Bedarf an Nahrungsmitteln und Rohstoffen verzeichnen, nur durch Katastrophen wie die Pest im 14. und den Dreißigjährigen Krieg im 17. Jahrhundert vorübergehend unterbrochen. Dieses Wachstum nährt sich aus unterschiedlichen Quellen. Es ist zunächst bedingt durch eine wachsende Bevölkerung. Bei etwa gleichbleibendem Pro-Kopf-Verbrauch wächst der Bedarf an Nahrungsmitteln und Rohstoffen proportional zur Bevölkerung. Mit zunehmender wirtschaftlich-technischer Entwicklung verändern sich aber auch die Produktionsmethoden, welche bereits in vorindustrieller Zeit allmählich effizienter wurden, damit einen arbeitssparenden preissenkenden Effekt haben und den Pro-Kopf-Verbrauch erhöhen. Und schließlich etabliert sich spätestens ab Beginn der Neuzeit allmählich ein Wirtschaftssystem, das stetiges Wachstum zur Sicherung seiner Stabilität, ja seiner

K.-D. Hupke, *Warum Nachhaltigkeit nicht nachhaltig ist*, https://doi.org/10.1007/978-3-662-63332-8_2

Existenz, geradezu erfordert. Letztere beiden Faktoren entkoppeln damit das Wirtschaftswachstum (verstanden als Wachstum an materiellen Gütern) bis zu einem hohen Grad und von der Tendenz her zunehmend von der wachsenden Bevölkerungszahl, ohne dass diese ihren Einfluss auf den Rohstoffverbrauch völlig verlieren würde.

Der Rohstoffbedarf der frühen wie auch der heutigen Zeit lässt sich unterscheiden nach landwirtschaftlichen Gütern (v. a. Nahrungsmitteln) und nicht-agraren, v. a. mineralischen Rohstoffen (d. h. Rohstoffen im engeren Sinne). Für die Produktion von Nahrungsmitteln sind agrare Flächen erforderlich. Da im Mittelalter zunächst noch die Fähigkeit zur Steigerung der Flächenerträge gering war, musste der steigende Bedarf durch eine wachsende Bevölkerung durch Kultivierung neuer Agrarflächen aufgefangen werden. Dies geschah in Mitteleuropa im Mittelalter durch Kultivierung bisher nahezu unberührter Mittelgebirge sowie durch die deutsche Ostkolonisation in zuvor dünn besiedelte Gebiete vornehmlich östlich der Elbe. Der Ausbau der Agrarflächen ging dabei v. a. auf Kosten der Wälder, die vermehrt gerodet wurden.

Selbstverständlich stieg mit der Bevölkerungszahl neben dem Bedarf an Nahrungsmitteln auch die Nachfrage nach Kleidung. Schafwolle und Leinen als die beiden bevorzugten textilen Materialien des Mittelalters wurden allerdings auch durch Landwirtschaft gewonnen. Es gilt also hier die gleiche Tendenz zur Ausdehnung von Agrarflächen bei steigender Bevölkerungszahl, die bereits bei der Produktion von Nahrungsmitteln festgestellt wurde.

Daneben stieg jedoch auch der Bedarf an nicht-agraren Gütern, v. a. an Glas und Metallen. Die Nachfrage nach beiden ist elastischer als diejenige nach Nahrungsmitteln; d. h. je nach Produktionstechnik und Kaufkraft kann die Nachfrage weitgehend unabhängig von der

Bevölkerungszahl nahezu beliebig ansteigen. Beide nicht-agraren Rohstoffe bzw. Halbfabrikate sind aber, was man ihnen nicht auf den ersten Blick ansieht, in dieser frühen Zeit angewiesen auf einen bisher noch nicht erwähnten Energie-Rohstoff: auf Holz.

Um aus Quarzsand, Feldspat, Kaliumkarbonat und anderen Ausgangsmaterialien Glas herstellen zu können, muss gewaltig Energie zugeführt werden, um die dabei erforderlichen hohen Temperaturen zu ermöglichen. Dies geschah durch Verbrennung von Holz bzw. von Holzkohle. Letztere ist als energetisches Konzentrat von Holz zu sehen, das in Kohlenmeilern durch langsames Erhitzen („Verschwelen") aus Holz erzeugt wird. – Ähnlich holzintensiv ist auch das Ausschmelzen des Eisens (und der meisten anderen Metalle) aus dem Erz zu sehen, wobei die Holzkohle nicht nur zur Erzielung der hohen Temperaturen für den Schmelzprozess benötigt wird, sondern mit ihrem Kohlenstoffanteil auch zur Reduktion des Eisenoxides zu Eisen (unter Abgabe von Kohlendioxid an die Atmosphäre).

Um es zusammenzufassen: Die Herstellung von Glas in Glashütten und von Eisen in Eisenhütten hat über den Zwischenprozess der Holzkohleherstellung in vielen Mittelgebirgen den Wald im Mittelalter wohl noch mehr zurückgedrängt als der unmittelbare Rodungsprozess zur Gewinnung von agrarem Nutzland. Für die Köhlerei waren selbst noch Waldgebiete interessant, die für die Landwirtschaft wegen ihres feuchtkühlen Klimas oder wegen ihrer armen Böden nicht mehr infrage kamen, wie die Hochflächen des Nordschwarzwaldes oder die Hochlagen des Böhmerwaldes oder des Harzes. Gerade in den Mittelgebirgen lagen sowohl für die Glas- als auch für die Eisenproduktion Rohstoffbasis (quarzhaltige Gesteine bzw. Eisenerzvorkommen) wie Energiebasis (in beiden Fällen: Wälder für Holzkohle) räumlich nahe beieinander.

Der Lebenszyklus einer Glashütte sah in der Regel so aus, dass diese zunächst in die Mitte wenig berührter Waldgebiete gesetzt wurde. Im Laufe der folgenden Jahrzehnte setzten die zur Belieferung der Glashütte etablierten Kohlenmeiler dem Wald in der Umgebung so zu, dass allmählich die Holzkohle ausging. Da unter den damaligen Verkehrsbedingungen (Pferde- und Ochsengespanne bei unausgebauten Wegen) an einen kostengünstigen Transport über mehr als wenige Kilometer hinaus nicht zu denken war, entzog sich die Glashütte allmählich selbst ihre Energiebasis. Nach vielleicht 50 oder 60 Jahren musste diese verlegt werden: möglichst an einen Ort, der noch weithin von wenig berührten Wäldern mit reicher Holzmasse umgeben war. – Glashütten waren unter diesen Vorzeichen die Hauptursache für die Zerstörung von Wald in den Mittelgebirgen.

Zu Beginn der Neuzeit waren hochstämmige Wälder in weiten Teilen des westlichen Europa knapp geworden. An die Stelle der Nahversorgung war vielfach ein Fernhandel mit Holz getreten. Die Niederlande, in der frühen Neuzeit eine Welthandelsmacht, versorgten sich weitgehend über den Rhein und mithilfe der Flößerei aus dem Schwarzwald mit Holz, das sie sowohl für die Errichtung ihrer Städte auf sumpfigem Untergrund (Amsterdam wurde weithin auf Pfählen mit Schwarzwaldholz errichtet) als auch für ihre Handels- und Kriegsschifffahrt notwendig brauchten. Die Engländer, welche schließlich die Niederlande als Handels- und Großmacht ablösten, waren zunehmend auf Holz aus Norwegen angewiesen. Aber auch die Fernvorräte im Schwarzwald und in Norwegen gingen allmählich zur Neige. Die Verknappung von Holz, weniger der Nahrungsmangel, schien in dieser Zeit die Hauptgefahr für Wohlstand und Wachstum der westeuropäischen Nationen. Kein Wunder, dass man sich Gedanken über die zukünftige Holzversorgung machte.

Diese konnte an zwei Stellgrößen verbessert werden: über einen Anstieg der Produktion und über eine Beschränkung des Verbrauchs.

U. Grober (2013) beschreibt, wie sich in Venedig, England und Frankreich nacheinander Beschränkungen der Holznutzung und des Holzverbrauchs sowie Konzepte zum Neuaufbau von Wäldern etablierten. Für die Nachhaltigkeit fehlte nur noch der Begriff. Dies leistete (für den deutschen Sprachraum) Hans Carl v. Carlowitz in seiner Sylvicultura oeconomica (1713). Ziel des Autors ist eine „beständige und nachhaltende Nutzung". Diese kann es nur geben, wenn über einen bestimmten Zeitraum (zweckmäßige Einheit: ein Jahr) dem Wald nicht mehr Holz entnommen wird, als im gleichen Zeitraum, gegebenenfalls durch Nachpflanzung gefördert, wieder nachwächst.

GROBER weist darauf hin, dass „Nachhaltigkeit" als forstliches Prinzip, nicht mehr aus dem Wald herauszunehmen als von Natur aus nachwächst, schon bald nicht mehr auf die nachwachsende Natur allein vertraut hat. Die Ökonomie trat immer stärker an die Stelle der nachwachsenden Natur und versuchte dieser durch Anlage von Reinkulturen gebietsfremder raschwüchsiger Baumarten auf die Sprünge zu helfen. Nachhaltigkeit war somit ein reines Wirtschaftsprinzip geworden ohne enge Anbindung an die Natur. Dazu passte auch „die Erfindung des Schädlings" (ebd.), der sich in den Reinkulturen viel stärker als im naturnahen Mischwald ausbreiten konnte. Die Antwort wiederum darauf waren chemische Insektizide, welche die ökonomische Nachhaltigkeit weit von der natürlichen/ökologischen Nachhaltigkeit entfernten.

Die Maximierung des forstlichen Ertrages durch entstehende Forstwissenschaft im 19. Jahrhundert im Sinne einer rein ökonomisch verstandenen Nachhaltigkeit schuf also erst viele Probleme, die schließlich im späten

20. Jahrhundert geradezu dazu zwangen, den Nachhaltigkeitsbegriff um die bisher übersehenen „ökologischen" und sozialen Aspekte zu erweitern.

Der Begriff „ökologisch" ist in diesem Zusammenhang fragwürdig und uneindeutig. „Ökologie"/„ökologisch" ist eine Begriffsprägung durch den deutschen Biologen und Darwinisten Ernst Haeckel (1866, S. 286). Er stellt eine Teilwissenschaft der Biologie dar und umfasst alle Wechselwirkungen zwischen einem Lebewesen (als Individuum wie als Art) und seiner Umwelt. Als solcher ist dieser Begriff bis heute gültig. Er ist ein Terminus und ein Inhalt der Naturwissenschaften und damit nicht Werthaltig. Der Begriff Ökologie/ökologisch, wie er innerhalb der Nachhaltigkeitsdiskussion verwendet wird, ist allerdings im Unterschied zur ursprünglichen Verwendung mit Normen und Werten aufgeladen, auch wenn diese nicht immer klar bestimmt sind. „Ökologisch" ist somit etwa der Titisee im Südschwarzwald, sofern er sich als ein dystrophes (nährsalzarmes) Gewässer präsentiert, das eine entsprechende Vielfalt von Arten enthält (botanisch gesehen etwa den ansonsten seltenen Strandling sowie zwei Brachsenkräuter). Man könnte den Titisee (und dieser war vor Schaffung der Ringleitung für Abwässer in den 1970er Jahren schon einmal kurz davor) auch in eine zumindest sommerliche Ansammlung von Cyanobakterien („Blaualgen") umwandeln. Dazu müsste man nur die Stellschraube „Phosphatgehalt" ein wenig anheben. Von der naturwissenschaftlichen Ökologie her ist gegen ein solches Biotop nichts einzuwenden; auch wenn es nun die Brachsenkräuter nicht mehr gibt und auch sonst die Vielfalt an höheren Organismen leidet. Aber welcher Zustand als höher- oder geringerwertig anzusehen ist, dazu lässt sich über die naturwissenschaftliche Ökologie keine Aussage machen. Wertungen sind nicht Sache der Naturwissenschaften, sondern des Menschen und seiner materiellen und ideellen Bedürfnisse. Diese stehen aber im Mittelpunkt von „Ökologie", wie sie heutige Vertreter des Nachhaltigkeitsgedankens vertreten. „Ökologie" der Ökologen und „Ökologie" der Umwelt- und Nachhaltigkeitsakteure haben also nicht viel miteinander gemeinsam. Man sollte in letzterem Falle besser von „Wünschenswerten Zuständen eines Ökosystems" (WZÖ) sprechen. Da dieser Begriff anders als „Ökologie" für eine solche Intention aber nicht eingeführt ist, werden wir es bei diesem, nun aber konsequent im weiteren Verlauf des Buches stets in Anführungszeichen gesetzt, belassen.

Wenige Jahrzehnte nach dem Erscheinen von Carlowitz' Werk und seiner Grundlegung von Begriff und Inhalt der Nachhaltigkeit beginnt in England die sog. Industrielle Revolution. Mit Hilfe zunächst der Dampfkraft wird menschliche und tierische Arbeit nun zunehmend durch Maschinenarbeit ersetzt. Tendenzen dazu hat es bereits in vorindustrieller Zeit durch Nutzung der Wasserkraft (Mühlen) gegeben. Diese mahlten keineswegs nur Getreide zu Mehl, sondern zerkleinerten etwa auch Erz zur besseren Verhüttung oder sägten Bretter (Erzmühlen, Sägmühlen). Allerdings waren sie auf das Vorhandensein von Fließgewässern angewiesen und zudem noch von deren wechselnder Wasserführung abhängig. In einer ähnlichen Abhängigkeit standen die Windmühlen von der Windstärke und -frequenz. Die Dampfkraft befreite die Warenproduktion von diesen naturräumlichen Bindungen: Eine Dampfmaschine konnte spätestens seit Entwicklung des flächenhaften Eisenbahnwesens (zur Steinkohleversorgung) ab der Mitte des 19. Jahrhunderts so gut wie überall aufgestellt werden.

Die sich schon bald auch auf den Kontinent und in den Nordosten der USA ausbreitende Industrie schaffte nun tatsächlich eine tendenzielle Entkoppelung der Warenproduktion von der Bevölkerungszahl, da ja nun durch

Massenproduktion der Einzelartikel billiger und der Pro-Kopf-Verbrauch damit im gleichen Maße steigerungsfähig war. Entsprechende Steigerungen gelten aber damit auch für den Energie- und Rohstoffbedarf industrialisierter Gesellschaften. Dieser Prozess hält bis heute unvermindert an. Zudem benötigte die Industrie immer neue Rohstoffe; auch solche, die zuvor fast unbekannt waren. Viele davon finden sich im unteren Drittel des „Periodensystems der Elemente", bei denen uns mein Chemielehrer seinerzeit wiederholt darauf hingewiesen hatte, dass diese „ohnehin keine praktische Rolle spielen". Ein Irrtum, wie sich herausstellte. Tantal und die heute mehr als ein Dutzend vor allem für die Elektronische Industrie bedeutenden Seltenen Erden kannten damals nur Spezialisten. Die moderne Industrie kann (fast) alles gebrauchen; und das in grenzenlos wachsenden Mengen. – Neben mineralischen Energie- und Rohstoffen geht die Nachfrage aber im Zeichen der „Energiewende" über Agrar- und Forstprodukte zunehmend in die Fläche und konkurriert dort mit Arealen, die für die menschliche Ernährung, aber auch für den Naturschutz zur Verfügung stehen.

Die mit einer exponentiell wachsenden Bevölkerungszahl drohende Verknappung an Nahrungsmitteln kam bereits früh (Malthus, 1798: An Essay on the principle of population) in den Blick. Deutlich länger dauerte es, bis auch die Verknappung fossiler und mineralischer Rohstoffe als Problem gesehen wurde. Die Warnungen des CLUB OF ROME (Meadows, 1972) vor den „Grenzen des Wachstums" fielen zunächst noch in eine Zeit, in der als Folge des „Wirtschaftswunders" in vielen westlichen Ländern sozial und wirtschaftlich so gut wie alles möglich schien. Dass die Resonanz trotzdem so groß war, ist auf einen historischen Zufall zurückzuführen:

1973 kam es zu einem Versuch der arabischen Staaten Syrien und Ägypten, das im Sechs-Tage-Krieg von 1967 verlorene Territorium zurückzuerobern (Jom-Kippur-Krieg). Dabei waren diese zunächst militärisch erfolgreich und konnten auf israelisch besetztes Gebiet vordringen. Eine von der US-Airforce daraufhin eilig errichtete Luftbrücke schaffte den von der israelischen Armee dringend benötigten Nachschub an Waffen, v. a. an Munition für die Panzerartillerie, heran und ermöglichte die Kriegswende. Die UN vermittelten nur wenige Tage darauf einen Waffenstillstand. Der Waffengang wurde zum Verhandlungsmarathon.

Während dieser Verhandlungen hat es wiederholt Warnungen der arabischen Ölstaaten gegeben, man könne ja die Öllieferungen an die westliche Welt unterbrechen, falls diese weiterhin die Position Israels stärken sollten. Es ist psychologisch und markttechnisch verständlich, dass in dieser Situation die Ölpreise „explodierten". In die westlichen Geschichtsbücher ging diese Phase als „arabisches Ölembargo" ein. Ob es dieses wirklich war, ist zweifelhaft. Den Erklärungen der Vertreter ölproduzierender Golf-Staaten (Saudi-Arabien, Kuwait), dass die Erdölproduktion in dieser kritischen Zeit niemals gedrosselt wurde, ist durchaus Glauben zu schenken. Sicherlich fiel es in dieser Zeit aber unter dem Damoklesschwert des Boykotts sowohl ölproduzierenden Staaten als auch insbesondere den Mineralölkonzernen leicht, Preiserhöhungen durchzusetzen. In der Öffentlichkeit wurde dieser größte Preisanstieg für Erdöl in der Geschichte aber nicht rezipiert als ein politisch-ökonomischer Schachzug der Produzenten, sondern als ein erstes Anzeichen für eine Verknappung des kostbaren Energierohstoffs, auf den neben dem Auto (fast jede Durchschnittsfamilie in den Industriestaaten hatte mittlerweile wenigstens eines) auch zunehmend die häuslichen Heizungen abhängig geworden waren. Zudem begann der scharfe Preisanstieg auch noch im Oktober; zu Beginn also der winterlichen Heizperiode,

in der sich viele noch einmal mit dem Brennstoff ein-
deckten.

Es kam also vieles zusammen, um den maximalen Eindruck von Knappheit bei Erdöl zu erzeugen und die
Warnungen des Club of Rome, die ansonsten nach kurzer
Zeit wieder dem Lebensalltag gewichen wären, besonders
eindrucksvoll wirken zu lassen. Errechnet wurde zumeist
eine Reichdauer der weltweiten Erdölvorräte von 25
oder 30 Jahren. Diese Terminierung beruhte auf einem
Denkfehler. Grundsätzlich unternehmen die Mineralöl-
konzerne ständig Prospektionen, um immer wieder neue
Lagerstätten zu entdecken, zu erschließen und damit
die zur Neige gehenden alten Vorkommen zu ersetzen.
Steigt durch glückliche Prospektion die Reichdauer der
bekannten Vorräte auf, sagen wir, 40 Jahre an, werden die
Konzerne ihre immerhin kostenaufwendige Prospektions-
tätigkeit reduzieren. Sinkt die erwartete Reichdauer als
Folge davon auf 20 Jahre, wird wiederum die Prospektion
ausgebaut, mit der Folge sich verlängernder Reichdauer.
Mit der Frage einer grundsätzlichen Verknappung des Erd-
öls hat dieser ökonomisch gesteuerte Prozess nicht viel zu
tun.

Gleichzeitig ist aber klar, dass die Reichdauer des Erd-
öls (wie anderer fossiler Energieträger) nicht unbegrenzt
ist. Schon jetzt sind die einfach (und damit kostengünstig)
auszubeutenden Vorkommen weitgehend erschöpft.
Technische Entwicklungen machten es jedoch möglich, in
tiefere Bereiche, vor allem vor den Küsten, zu gehen, bislang unergiebige Ölschiefer und Ölsande zu erschließen
sowie neue Techniken (Fracking) einzusetzen, sodass der
Erdölpreis unter großen Schwankungen bis zum heutigen
Tag nur moderat angestiegen ist. Autofahren und mit
Erdöl heizen bleibt also für die meisten Bewohner von
Industriegesellschaften weiterhin erschwinglich.

Als Alternative zu Erdöl, zumindest im Bereich der Stromerzeugung, boten sich Nuklearkraftwerke an. Diese sind zwar ebenfalls von Rohstoffen abhängig, deren Erschöpfbarkeit aber erst in längeren Zeitmaßstäben gesehen wird. Außerdem werden Uran-haltige Mineralien auch stärker als Erdöl in Industriestaaten gefunden, so dass die Auslandsabhängigkeit, insbesondere aber gegenüber dem politisch misstrauten islamischen Raum, verringert wurde. Nicht zu unterschätzen war auch der militärisch-industrielle Komplex, der vor allem durch Wiederaufbereitung „ausgebrannter" Brennstäbe der Kernwaffenproduktion Plutonium zuführte (nicht atomar bewaffnete Staaten wie Japan und Deutschland versorgten ihre westlichen Verbündeten). – Doch auch die Kernenergie geriet in Misskredit. Konnte man noch die Katastrophe von Tschernobyl (1986) als durch das politische System bedingt abtun, ist dies nach Fukushima (2011) nicht mehr so einfach.

Nachdem die dringendsten materiellen Bedürfnisse der armen ersten Nachkriegszeit erst einmal durch das „Wirtschaftswunder" gestillt waren, gesellten sich im Sinne etwa der Bedürfnispyramide (Maslow, 1981) nun neue Ansprüche hinzu: solche nach sozialer Gerechtigkeit, wie sie etwa der Jugendprotestkultur Ausdruck verliehen, aber auch einer besseren Umweltqualität, insbesondere in den beiden Sphären Wasser und Luft. Die Bezeichnung „Umweltschutz" (engl.: environment protection) findet sich im deutschen Sprachraum ab 1970. International wird 1972 die erste globale Umwelt-Konferenz in Stockholm wichtig *(United Nations Conference on the Human Environment).* Sie führt unmittelbar zur Gründung des ständigen UNEP *(United Nations Environment Programme)* mit Sitz in Nairobi.

1983 wurde durch die Vereinten Nationen die Brundtland-Kommission (eigentlich: *World Commission*

on Environment and Development; WCED) gegründet,
die unter ihrer Vorsitzenden Gro Harlem Brundtland
1987 ihren Abschlussbericht vorlegte, in der erstmals
in einem Weltgremium der Begriff der Nachhaltigkeit (engl.: sustainability) eine zentrale Rolle spielte:
„sustainable development is development that meets the
needs of the present without compromising the ability of
future generations to meet their own needs." Die Über-
setzung ins Deutsche lautet: Nachhaltige Entwicklung ist
eine Entwicklung, welche die Bedürfnisse der Gegenwart
befriedigt, ohne die Fähigkeit zukünftiger Generationen
einzuengen, ihre eigenen Bedürfnisse zu befriedigen."
– Bedürfnisbefriedigung ohne Aussicht auf grenzen-
loses Wachstum sowie der Blick auf die Chancen der
Zukunft: das schließt so ziemlich die deutsche Tradition
der Nachhaltigkeit ein, auf welche in Deutschland die
Sustainability-Diskussion   auch   zurückgeführt   wird.
Interessanterweise ist dies unterschiedlich zum angel-
sächsischen Raum, der den Begriff Sustainability von
einem Fachterminus der naturwissenschaftlichen Ökologie
herleitet. – Seit 1987 gilt auf jeden Fall Sustainability als
die englische/internationale Entsprechung des deutschen
Begriffs Nachhaltigkeit.

Sustainability/Nachhaltigkeit (auch im Rahmen des
Buches werden von jetzt ab beide Begriffe synonym verwendet; Nachhaltigkeit schwerpunktmäßig, wenn es um
deutsche, Sustainability, wenn es um eine internationale
Entwicklung geht) umfasst also eine ökonomische und
soziale Komponente, die sich in der Befriedigung der
Bedürfnisse/Needs findet, vermittelnd zwischen Gegenwart und Zukunft. „Ökologie"/Umwelt tauchen in der oft
zitierten zentralen Definition des Begriffs im Abschlussbericht der Kommission gar nicht auf, im weiteren Text
des Berichts natürlich schon. Aber der geneigte Leser,
möchte man ergänzen, ist durch die Vorprägung durch

den Club of Rome und die Stockholmer Konferenz (1972) bereits derartig sensibilisiert, dass für ihn klar ist: Es geht um die Reichdauer wichtiger Energien und Rohstoffe, es geht um die Zunahme der Weltbevölkerung, es geht um die Grenzen wirtschaftlichen Wachstums und um den Zustand der Natur auf dem Planeten.

In den 1980er Jahren noch weniger im Fokus stand zunächst die seit Jahrzehnten bekannte Mutmaßung, dass das durch Verbrennung fossiler Energiequellen zusätzlich freigesetzte Kohlendioxid zu einer Erwärmung des Erdklimas beitragen könne. In Annäherung an die Gegenwart, besonders aber seit den 1990er-Jahren, verdichtete sich diese Annahme zu einer hohen Wahrscheinlichkeit, zu welcher detailliertere Messwerte sowie eine ausgeprägte Tendenz des Weltklimas zur Erwärmung beisteuern. Gleichzeitig wurde die sog. Weltöffentlichkeit, und das bedeutet stets: mediale „Meinungskartelle" westlicher Industriegesellschaften, auf den rasanten Niedergang v. a. tropischer Wälder aufmerksam. Beides steht in einem gewissen Zusammenhang, als durch die Rodung von Wald der v. a. im Holz enthaltene Kohlenstoff mineralisiert wird und (mit Luftsauerstoff verbunden) als Kohlendioxid in die Atmosphäre übergeht. Dieser rodungsbedingte Zuwachs von Kohlendioxid verschärft noch dessen Anstieg durch Verbrennung fossiler Energiequellen.

Schon ein halbes Jahrzehnt nach dem Abschlussbericht der Brundtland-Kommission wurde somit ein großer internationaler Kongress unter Leitung der Vereinten Nationen erforderlich, der die Besorgnisse aufseiten der westlichen Industrienationen um Erdklima und tropische Wälder zusammenführte mit dem Anspruch von Entwicklungs- und Schwellenländern auf Unterstützung bei einem aufholenden wirtschaftlichen Entwicklungsprozess. Der bislang größte internationale Kongress trug daher auch den Titel „United Nations Conference on

Environment and Development" (UNCED), allgemeiner bekannt als „Rio-Konferenz". Zum ersten Mal, und anders als 1972 in Stockholm, wurden auch Nichtregierungs-organisationen (NGOs) eingeladen und an den Sitzungen explizit beteiligt, was deren wachsender Rolle v. a. in west-lichen Gesellschaften entsprach.

Die Konferenz von Rio ergab v. a. Absichts-erklärungen in einer Fülle von Dokumenten, darunter die „Deklaration über Umwelt und Entwicklung", die allgemeine Ziele einer umweltverträglichen Entwicklung vorgibt, eine „Klimaschutz-Konvention", welche den Ausstoß von Kohlendioxid zu begrenzen versucht, eine „Konvention zur Biodiversität" sowie die „Agenda 21" als geplantes konkretes Aktionsprogramm der beteiligten Staaten. Die „Deklaration zum Schutz der Wälder" sollte nach dem ursprünglichen Wunsch einiger west-licher Regierungen eher Forderungen nach dem Schutz tropischer Feuchtwälder umfassen, wurde aber auf Druck von Entwicklungs- und Schwellenländern auch auf die Forderung nach ökologisch nachhaltiger Bewirtschaftung der Wälder in wirtschaftlich entwickelten Staaten aus-geweitet.

Vielfach kritisiert wurde am Rio-Prozess aber auch die Unverbindlichkeit der hier dargelegten Grund-sätze. Dies änderte sich auch nicht entscheidend in den Rio-Folgetreffen in Johannesburg (2002) und wieder in Rio de Janeiro (2012), welche die Absprachen weiter konkretisieren und weiterentwickeln sollten. Speziell dem Klimaschutz durch Begrenzung der Kohlendioxid-emissionen sollte die Konferenz von Kyoto (1997) dienen. – Seitdem ist der globale jährliche Kohlendioxidausstoß jedoch weiterhin gewaltig angestiegen.

2015 wurden in Fortführung des „Rio-Prozesses" die *Sustainable Development Goals* (SDGs) der Vereinten Nationen verabschiedet, als Kern der „Agenda 2030".

Die darin enthaltenen 17 Entwicklungsziele sind zwar durchaus detailliert formuliert, bei genauerer Betrachtung jedoch „Meisterwerke an Unverbindlichkeit". Insbesondere bleiben die Wege zu ihrer Umsetzung vage und der exakte Anteil von Einzelgesellschaften/Einzelstaaten am Gesamtziel bleibt unklar. Die SDGs lesen sich wie ein Wunschkatalog für eine allgemein bessere Welt.

Ergänzt werden muss noch, dass die gegenwärtige Nachhaltigkeitsdiskussion von einem gewissen Gegensatz in der Zielvorstellung bestimmt wird, wie er sich aus den Vorstellungen von „starker Nachhaltigkeit" versus „schwacher Nachhaltigkeit" ergibt. Die Wortwahl wird hier von den Vertretern der „starken Nachhaltigkeit" bestimmt. Starke Nachhaltigkeit wird hier als Versuch gesehen, natürliche Systeme an die Stelle bisheriger technischer Systeme zu setzen. Auch soll nach dieser Vorstellung die Nutzung natürlicher Ressourcen durch den Menschen (dessen „ökologischer Fußabdruck": Wackernagel und Rees, 2010) abgestimmt werden mit der natürlichen Erneuerungsrate. Das würde bedeuten, dass die Menschheit bspw. nicht mehr Steinkohle verbrauchen dürfte, als in der gleichen Zeit neu gebildet wird. Da der Großteil der weltweiten Steinkohlevorräte in der Zeit des Karbon vor ca. 300 Mio. Jahren, zudem unter ungleich günstigeren klimatisch-geologischen Entstehungsbedingen als heute, gebildet wurde, dürfte man in der Gegenwart damit so gut wie keine Steinkohle entnehmen.

Die meisten Nachhaltigkeitsansätze von heute haben jedoch keine genaue Gesamtzielvorstellung, sondern bestenfalls partielle Ziele (Bspe: Beschränkung der Weltklimaerwärmung auf 2 Grad Celsius, Stopp des Verlusts an Biodiversität bis zum Jahr 2050 etc.) und versuchen pragmatisch auf dem Weg der Veränderung so weit zu gehen, wie man eben kommt.

3

Stetige semantische Erweiterung des Nachhaltigkeitsbegriffs/ Der Nachhaltigkeitsbegriff wird „überdehnt"

Halten wir uns zunächst die bereits zitierte Definition von Nachhaltigkeit durch Carlowitz noch einmal vor Augen: „beständige und nachhaltende Nutzung". Das ist zunächst eine Zielvorstellung, die in die Zukunft verweist. Handlungsmaximen wie „nicht mehr Holz einschlagen, als im etwa gleichen Zeitraum wieder nachwächst" oder auch „Bäume nachzupflanzen" können daraus abgeleitet werden und werden im weiteren Verlauf seines Werkes auch ausgeführt. Die Funktion des Waldes ist in diesem Zusammenhang auf die Nutzung bzw. auf die Nutzbarkeit zentriert. Diese Beschränkung ist ein Kind der Zeit, in welcher Holzmangel, zumindest für einen staatlichen Forstverwalter, als gesellschaftliches Hauptproblem gesehen wurde. Diese Beschränkung der Nachhaltigkeitsforderung auf den Holzertrag besitzt jedoch einen entscheidenden Vorteil: Sie ist leicht zu operationalisieren. Staatliche Forstbehörden des späteren 18. und 19. Jahrhunderts entwickelten immer weiter verfeinerte

© Der/die Autor(en), exklusiv lizenziert durch Springer-Verlag GmbH, DE, ein Teil von Springer Nature 2021
K.-D. Hupke, *Warum Nachhaltigkeit nicht nachhaltig ist*,
https://doi.org/10.1007/978-3-662-63332-8_3

Messmethoden, um den Holzbestand und den Holzertrag möglichst exakt zu erfassen. Holzzuwachs und Holzernte mussten aufeinander abgestimmt werden, was mit einem Maßband, einfachen trigonometrischen Methoden und etwas Praxiserfahrung recht gut und genau möglich war.

Der Nachhaltigkeitsbegriff, wie er sich spätestens im Abschlussbericht der Brundtland-Kommission darstellt, geht jedoch nicht mehr allein von der Nutzbarkeit aus (des Waldes wie agrarer Flächen). Zunehmend werden auch „ökologische" Ziele integriert, wobei die Sorge um die Biodiversität im Mittelpunkt steht. Oft geht es auch um die „Stabilität" oder um die „Leistungsfähigkeit" von Ökosystemen. Die beiden Termini verbergen allerdings mehr, als sie erklären. Seit Jahrzehnten scheitern Versuche nachzuweisen, dass artenreiche Systeme („Tropischer Regenwald"; im mitteleuropäischen Rahmen bspw. Kalkmagerrasen) „stabiler" sind als artenarme (z. B. Felsspaltengesellschaften in den Zentralalpen oberhalb 3500 m, asphaltierter Garagenvorplatz mit wenigen Asphaltdurchdringern). Gerade artenreiche Lebensgemeinschaften scheinen durch ihren Artenreichtum (mit pro Art jeweils geringer ökologischer Nischen-Amplitude) gegen Erosion von Arten empfindlicher als von vorn herein artenarme Systeme mit pro Art weiter ökologischer Amplitude, wo sich nach Störungen rasch immer wieder die gleichen (wenigen) Arten einstellen. Artenarme Ökosysteme wären also in diesem Sinne ökologisch stabiler. – Grundsätzlich kommt es aber immer darauf an, wie man „ökologische Stabilität" definiert; dem entsprechend wird man unterschiedliche Antworten auf die Frage erhalten, ob die Biodiversität von Ökosystemen deren Stabilität erhöht. Mögliche und mehr oder weniger sinnvolle Definitionsmerkmale für „Stabilität" wie für „Leistungsfähigkeit" von Ökosystemen können bspw. Biodiversität (Artenzahlen, Messgrößen funktionaler Diversität), aber auch Biomasse, Bioproduktion oder die Fähigkeit zur Kohlenstoffbindung sein.

Eine weitere Kategorie, den „Wert" von Ökosystemen zu bestimmen, könnte ihre Natürlichkeit (unter Fehlen menschlicher Einwirkungen) sein, wie er etwa in den Hemerobie-Graden zum Ausdruck kommt (Walz & Stein, 2014). Dieser Ansatz steht allerdings im Widerspruch zu der Tatsache, dass zumindest in Mitteleuropa nahezu alle, auch artenreiche Systeme, unter starker menschlicher Einwirkung entstanden sind und nur unter weiterer menschlicher Wirkung („Pflege") stabilisiert werden können.

Auf jeden Fall gilt: Was „ökologisch" im Sinne der Nachhaltigkeitsdebatte ist, bestimmt sich nur vage und nährt sich aus mehreren, zum Teil in sich wiederum widersprüchlichen Grundsätzen. Da fällt schon die Zielbestimmung manchmal schwer: Sollte man eher Bäume fällen, um einen artenreichen Magerrasen zu erhalten, oder doch eher wachsen lassen (viele Ältere von uns haben noch die „Hier-stirbt-der-Wald"-Debatte der 1980er Jahre in Erinnerung)?

Was der „ökologischen" Nachhaltigkeit auf jeden Fall fehlt, ist eine klare Messgröße, wie sie Carlowitz und Nachfolgern im Bereich der Forstnutzung in Form von Holzertrag und Holzmasse zur Verfügung stand. Die Diskussion um Nachhaltigkeit wird durch Hinzunahme des „ökologischen" Aspekts zum rein wirtschaftlichen stark erweitert; das ist richtig. Sie verliert dadurch jedoch ihre Operationalisierbarkeit; sie wird dadurch, und das substantiell, und keineswegs nur tendenziell: beliebig.

Diese Unbestimmtheit wird noch erweitert durch die zunehmend geforderte soziale „Säule"/Dimension von Nachhaltigkeit (Abb. 3.1 und 3.2). Hier kommt vieles zum Tragen, das westliche Gesellschaften im Moment bewegt. Nachhaltigkeit ist in diesem Zusammenhang: Förderung der formalen Demokratie und einer

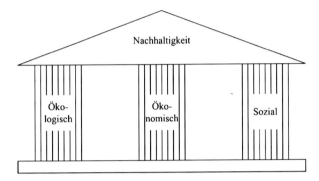

Abb. 3.1 Das klassische „Säulenmodell" der Nachhaltigkeit. (Quelle: Corsten & Roth, 2012)

informellen Bürger-Gesellschaft, generelle Menschenrechte, Frauenförderung und Gender-Neutralität, Förderung (vormals) atypischer sexueller Gewohnheiten und deren Gemeinschaften, Verbot von Prostitution und Kinderarbeit, Armutsbekämpfung, kulturelle Vielfalt, Flüchtlingshilfe etc. – Ein bunter Strauß an Befindlichkeiten und (momentanen) Normen westlicher Gesellschaften. Vermutlich hätte diese Ideensammlung (abgesehen davon, dass sie einige wohl wirklich Zeiten und Kulturen übergreifende Inhalte einschließt) vor einigen Jahrzehnten noch sehr viel anders ausgesehen. (Berechtigt) anders ist die Sicht auf diese sozialen Ziele und Normen aber auch bei der Mehrheit der Bevölkerung anderer Gesellschaften, die nicht simultan zu westlichen Gesellschaften funktionieren. Diese werden gnadenlos am momentanen westlichen Zeitgeist gemessen. Ihre Freiheit liegt allein darin, ihren Gott statt Jesus etwa Allah zu nennen. Eine Moschee in Deutschland zu bauen außerhalb von Gewerbegebieten (wo sie von Sinn und Aufgabe her gesehen nicht hingehört) ist schon schwierig. Wesentlich anders kleiden als westliche Menschen dürfen sie sich, wenn sie Frauen sind, ebenfalls nicht. Nahezu

Vorrangmodell der Nachhaltigkeit

Einzelne Bereiche werden in ihrer Beziehung und Abhängigkeit zueinander gesehen

Aussage: keine Wirtschaft ohne eine Gesellschaft, keine Gesellschaft ohne Ökologie

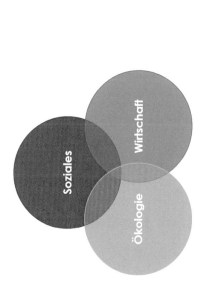

Drei-Säulen-Modell der Nachhaltigkeit

Jeder Bereich wird als gleich wichtig und gleichberechtigt angesehen

Aussage: Nachhaltigkeit kann nur bei gleichwertiger Rücksichtnahme auf alle drei Bereiche erreicht werden

Abb. 3.2 Das deutlich jüngere Nachhaltigkeitsmodell der sich überlagernden Kreise. Anders als in 3.1 geht „Nachhaltigkeit" hier nicht aus den drei Kompartimenten hervor, sondern ist bereits in diese integriert. (Quelle: Haase, 2020)

jedes Mitglied einer westlichen Gesellschaft weiß, vermittelt über Kino wie über Werbung, dass sich die Freiheit der Frauen im (teilweisen) Entkleiden und im erotischen Arrangieren zeigen sollte, und nicht im Verhüllen. Hier enden bereits die Freiheit und das Verständnis des Westens für „andere Kulturen". – Der eben dargelegte Diskurs entspringt nicht unmittelbar der Nachhaltigkeitsdebatte. Er zeigt aber auch, wie schwer es ist, den Wert sozialer Normen zu bestimmen, und noch schwerer, diesen als Zugewinn an sozialer Nachhaltigkeit zu messen.

4

Fridays-for-Future: Hoffnungsschimmer auf eine nachhaltigere Zukunft?

Seit einiger Zeit finden in den meisten größeren und auch vielen kleineren Städten freitags Zusammenballungen junger Leute statt, die man anfangs schwer einordnen konnte. Sie wirkten und wirken improvisiert, die Spruchbänder und Tafeln sind zumeist selbst gemalt. Die Veranstaltungen, meist einer überschaubaren Zahl von Teilnehmern, wirken unorganisiert.

Umso erstaunlicher ist die öffentliche Resonanz, welche diese nach Teilnehmerzahl zumeist kleineren bis mittelgroßen Veranstaltungen finden. Vielen gelten sie als Zeichen dafür, dass die jüngere Generation aufgewacht sei und nun ihre Zukunft selbst in die Hand nehme. Langanhaltende Debatten finden sich in den Medien, ob das damit verbundene Schulschwänzen statthaft oder gar strafwürdig sei. Es überwiegt aber bei weitem die Sympathie für Organisatoren wie für Teilnehmer. Auch die Symbolfigur dieser Bewegung, ein äußerlich blass wirkendes Schulmädchen aus Schweden, wird mit der verbal recht

© Der/die Autor(en), exklusiv lizenziert durch Springer-Verlag GmbH, DE, ein Teil von Springer Nature 2021
K.-D. Hupke, *Warum Nachhaltigkeit nicht nachhaltig ist,*
https://doi.org/10.1007/978-3-662-63332-8_4

massiv vorgetragenen Forderung an Politik und Gesellschaft, der heutigen Jugend doch bitte eine klimatisch nachhaltige Zukunft zu offerieren, nicht nur erstaunlich „ernst genommen", sondern die junge Frau wird sogar zu einer Jeanne d'Arc des momentanen Zeitalters. Sie wird von Papst Franziskus ebenso zu einer Privataudienz empfangen wie von der Präsidentin des Weltwährungsfonds und jetzigen Präsidentin der Europäischen Zentralbank Madame Lagarde. Und das nur, um von der 16jährigen mit der einfachen, aber eingängigen Botschaft konfrontiert zu werden: Ihr habt bis jetzt versagt: Tut endlich etwas!

Die Gesellschaft nimmt der jungen Dame wie ihrer Gefolgschaft die Theatralik ab. Wie andere Protestbewegungen auch (man ist versucht, an die 68er-Revolten zu denken) benötigt ein Aufstand der jungen Leute eine glaubwürdige Symbol- wie Leitfigur. Es soll hier auch nicht behauptet werden, dass alle oder auch die bloße Mehrzahl sich dieser gedankenlos anschließen. Aber wie bereit ist diese, nachdem sie vormittags für Fridays-for-Future demonstriert hat, nachmittags auf den Einkauf und in den anschließenden Sommerferien auf den Flugurlaub zu verzichten? Die Fridays-Generation ist insgesamt verwöhnt. Die Anspruchshaltung besteht nicht nur in materiellen Forderungen an die ältere und etablierte Generation, doch bitte nicht nur die Ausbildung zu sichern sowie einen auskömmlichen materiellen Lebensstandard, sondern auch die klimatisch nachhaltige Zukunft. Und das bitte sofort.

Eine Diagnose sei gewagt: Wenn die Nagelprobe gemacht werden muss und zugunsten einer klimatischen Nachhaltigkeit auf weit mehr verzichtet werden muss als auf einen Vormittag Schulunterricht die Woche, wird die Forderung nach Klimaneutralität für die meisten jungen Menschen längst nicht mehr so attraktiv. Shoppen und Fliegen ist für viele, wohl für die meisten, allemal attraktiver als die Klimastabilisierung. Ein diesbezüglicher Verzicht scheint schon aufgrund der sozialen Schieflage unwahrscheinlich. Der (an dieser Stelle wie von den meisten elaborierten Betrachtern als gesichert angenommene) menschlich verursachte Klimawandel wird vor allem die Armen auf diesem Planeten treffen. Vom Verzicht auf Fliegen und (übermäßiges) Shoppen sind dagegen die eher Wohlhabenden betroffen. Dass in Zukunft die eher Reichen zugunsten der eher Armen verzichten sollten, besitzt einen hohen Grad an Unwahrscheinlichkeit. Dies gilt sowohl für politische und gesetzgeberische Initiativen wie für individuelles Verhalten.

5

Das soziale Defizit der Nachhaltigkeitsbewegung: aufgezeigt am Klimaschutz

Clemens Traub (2020) hat in einer klugen Streitschrift gegen die soziale Blindheit der Friday-for-Future-Bewegung aufgezeigt, dass diese sich vor allem aus der akademischen oberen Mittelschicht rekrutiert und damit die Alltagsprobleme sozial schlechter Gestellter übersieht, denen steigende Mieten und oft sinkende Reallöhne drängender erscheinen als der Klimawandel und die im Zuge der Klimapolitik durch zusätzlich steigende Preise für Energie, Mobilität und Wohnen besonders belastet werden.

Diesen kritischen Ansatz könnte man leicht kontern mit der Forderung, nun ihrerseits die gehobenen gesellschaftlichen Schichten stärker in die finanzielle Pflicht zu nehmen, die sich das insgesamt auch besser leisten könnten. Im Falle der Umsetzung ist dies aber nicht so einfach.

Etwas Spielraum im Einkommensbereich haben noch bürgerlich-akademische Schichten wie, sagen wir,

Ingenieure, Studienrätinnen und Stationsärzte. Allerdings haben diese vergleichsweise viel Zeit und Kosten in ihre eigene Ausbildung/Weiterbildung investiert, investieren auch entsprechend viel in ihre eigenen Kinder zur sozialen Reproduktion des eigenen sozialen Status in der nächsten Generation (soziales und kulturelles Kapital im Sinne von Bourdieu, 1982), schaffen damit aber auch unentbehrliche gesellschaftliche Funktionsträger der Zukunft – und das weitgehend auf eigene Kosten. Für den eigentlichen „Konsum" bleibt dann gar nicht mehr so furchtbar viel übrig. Ganz zu schweigen davon, dass sie von der 35- bis 40-Stunden-Woche oft nur „träumen" können. Ausschließlich oder vornehmlich akademische Mittelschichtfamilien zu belasten, würde zu sozialen Verwerfungen anderer Art führen und das häufig zu hörende „Unterschichten-Argument" real unterfüttern, dass „Ausbildung" sich nicht lohnt.

Bleiben noch die wirklich reichen Schichten. In den Medien sind sie überall präsent, die Milliardäre oder zumindest Multimillionäre. In der Realität decken sie allerdings nur einen winzig kleinen Bevölkerungsanteil ab. Selbst bei einer recht hohen Abgabe pro Milliardär wäre in der Summe der finanzielle Effekt gering. Zudem investieren gerade die Reichen und Super-Reichen in der Regel den größten Teil ihres Einkommens/ihres Vermögenszuwachses wiederum in den wirtschaftlichen Prozess, was im Rahmen der gegebenen Wirtschafts- und Gesellschaftsordnung auch sinnvoll erscheint und die Schaffung von Arbeitsplätzen für die nicht ganz so Reichen ermöglicht. Schließlich und drittens ist Kapital, wie eine „stehende Wendung" lautet, auch ein „scheues Reh". Wird es stärker belastet, zieht es sich einfach in Staaten und Weltregionen zurück, wo dies nicht stattfindet. Staaten und Gesellschaften, die auf diesem Wege versuchen, möglichst effizient das Klima zu schützen, verlieren also im internationalen Wettbewerb um das stets mobile Kapital an Konkurrenzfähigkeit und würden ihren Wirtschaftsstandort laufend verschlechtern.

Bleibt also in Zusammenhang mit den immensen Finanzierungskosten der Nachhaltigkeit die Frage, die man in Anlehnung an einen uralten Kölner Fastnacht-schlager stellen könnte: Wer soll das bezahlen?

Das nachfolgende Kapitel soll einige Mythen der aktuellen Nachhaltigkeitsdiskussion dekonstruieren und ihre Fragwürdigkeit aufzeigen.

6

Nachhaltigkeit in Fallbeispielen

6.1 Jeans aus Bangladesh

Bedrückende Bilder aus einer entfernten Welt:
Hunderte junger Frauen sitzen in Reihen hinter- und
nebeneinander an Nähtischen und vernähen Kleidungs-
stücke: Hemden, Blusen, Hosen. Die Frauen stehen unter
Druck: Die Stimmung ist angespannt, die Mädchen
konzentriert über ihre Arbeit gebeugt; Gespräche sind
nicht möglich, wenn der Akkord eingehalten werden
soll. Was man weniger sieht, aber sich dazudenken kann:
staubige Luft aus kleinsten Textilflusen, die beim Atmen
stört. Hitze, die unter dem Blechdach kaum auszuhalten
ist. Im Kopf aber auch die Katastrophen der jüngsten Vergangenheit: billigst erstellte Zweckbauten, die spontan
einstürzen können und dabei Hunderte der jungen
Näherinnen unter sich begraben. Ausbeuterische Löhne,
die kaum zum eigenen Überleben reichen. Darüber
hinaus noch Abgaben an die Familie, an den Quartierswirt

© Der/die Autor(en), exklusiv lizenziert durch Springer-Verlag
GmbH, DE, ein Teil von Springer Nature 2021
K.-D. Hupke, *Warum Nachhaltigkeit nicht nachhaltig ist,*
https://doi.org/10.1007/978-3-662-63332-8_6

(oft die Firma selbst), vielleicht auch an den Vermittler dieser Arbeit.

Noch in den 1960er Jahren war die Bekleidungsindustrie auch noch in Deutschland weit verbreitet, ja die industrielle Hauptbeschäftigung für berufstätige Frauen. Ein rascher Anstieg der Löhne im Wirtschaftswunder der deutschen Nachkriegszeit sowie der erste Hauch einer Globalisierung hat diese Arbeitsplätze davon getragen in lohnkostengünstigere Schwellen- und Entwicklungsländer: zunächst eher nach Süd- und Osteuropa sowie nach Lateinamerika, schon bald aber vor allem in asiatische Länder: nach China, Vietnam, Birma, auf die Philippinen und nach Bangladesch; vor allem anfangs oft in Sonderwirtschaftszonen in unmittelbarer Nähe zu den Exporthäfen.

Der deutsche Arbeitnehmer hatte den Schaden. Der deutsche Verbraucher dagegen hat von dieser Verlagerung profitiert. Textilien blieben, wenn man nicht auf mit kostenaufwendiger Werbung verbundene Markenlabels Wert legt, fast so billig wie Jahrzehnte zuvor.

Der wirtschaftliche Effekt in den von den neuen Arbeitsplätzen betroffenen Ländern war von Anfang an begrenzt. Zwar sorgten die Einkommen der jungen Arbeiterinnen für eine finanzielle Stärkung ihrer Familien. Eine weitergehende berufliche Entwicklung ist mit diesen Arbeitsplätzen jedoch zumeist nicht verbunden. So besteht so gut wie keine Möglichkeit zur Weiterqualifikation. Selten wird man eine Frau sehen, die mehr als 30 Jahre zählt. Auch produktiveren Folgeindustrien wird mit dieser arbeitsintensiven Produktion nicht unbedingt der Weg geebnet. Kommt es doch zu einer wirtschaftlichen Entwicklung, verlassen die lohnkostensensiblen Arbeitsplätze sehr rasch das Land, wie sich im Moment etwa in China abzeichnet.

Wie lässt sich dieser Zustand verbessern? So lange man marktwirtschaftliche Strukturen bestehen lässt (und wer wollte und könnte diese schon aufheben), wohl gar nicht. „Das Kapital ist ein scheues Wild", wird bereits im vorangehenden Kapitel kolportiert. – Dem ist fast nichts hinzuzufügen.

6.2   Äpfel aus Neuseeland

Im Supermarkt liegen Obst- und Gemüsesorten aus unterschiedlichen Weltregionen unmittelbar nebeneinander: deutsche Erdbeeren, Tomaten aus den Niederlanden, Gurken aus Spanien und Bananen aus Ecuador. Jahreszeitlich kommt dazu auch Obst von der Südhalbkugel. Oft sind das Äpfel aus Chile, Argentinien und Neuseeland. Warum aber Äpfel aus Regionen in über 10.000 oder gar 20.000 km Entfernung kaufen, wo doch das ganze Jahr über das betreffende Obst aus Deutschland oder zumindest aus Südtirol angeboten wird? Das muss doch enorm viel Treibstoff für den Transport um die halbe Welt kosten!

Der Treibstoffverbrauch ist aber viel geringer, als im Allgemeinen vermutet. Dies liegt daran, dass die heutigen riesigen Frachtertonnagen sehr wirtschaftlich sind, auf das einzelne Kilo Äpfel heruntergerechnet. Der Transport vom Anbaugebiet zum Hafen, in kleineren LKWs vorgenommen, kostet oft mehr Energie als der anschließende Transport fast um die halbe Erde bis zum Zielhafen. Anders als beim LKW ist beim Transport auf dem Wasser schließlich auch die Bodenreibung gering; Bremsmanöver mit anschließender Beschleunigung sowie Steigungsstrecken entfallen.

Wohl niemand wird im Oktober Äpfel von der Südhalbkugel kaufen wollen, wenn diese aus frischer heimischer Ernte vorliegen. Äpfel von der Südhalbkugel sind nur in den Frühlings- und Sommermonaten konkurrenzfähig, wenn dort eine frische Ernte eingebracht wurde und die (mittel-)europäische Ware noch von der alten Ernte herrührt, also monatelang gelagert wurde, was mit einem gewissen Qualitätsverlust verbunden ist. Wer Äpfel von der Südhalbkugel isst, hat also im Sommer im Allgemeinen einen besseren Standard. Dazu ist der Südapfel preislich ausgesprochen konkurrenzfähig, da die monatelangen Lagerkosten eingespart wurden. Zudem werden Äpfel zwar bevorzugt über den Winter in tiefen Kellern gelagert, wo das ganze Jahr über Temperaturen von, je nach Klimaregion, rund 10 Grad herrschen. Das ist für die Dauerlagerung von Äpfeln aber immer noch viel zu warm, weshalb die Temperatur um weitere rund 7 Grad abgesenkt werden muss. Das kostet über die Monate hin viel Energie; mehr Energie als für den Transport auf dem Frachter von Neuseeland nach Deutschland. – Die Äpfel der Südhalbkugel sind also im Sommer nicht nur in der Qualität besser, sondern in dieser Hinsicht auch umweltfreundlicher als die heimische Produktion.

6.3   Von fossilen zu nachwachsenden Energierohstoffen: Palmöl aus Südostasien

Dass Torfmoore in den kühleren Breiten eine große Rolle spielen, ist weithin bekannt. Die größten und zusammenhängendsten Flächen liegen in der borealen Nadelwaldzone, etwa in Westsibirien oder im Norden Kanadas.

Aber auch in den Tropen gibt es Torfmoore. In Südostasien sind diese zumeist als Hochmoore ausgebildet. Viele stehen, wie pollenanalytische Untersuchungen (Walter & Breckle, 1991, S. 98 ff.) zeigen, auf ehemaligen

Mangrovestandorten. Während die Mangrove sich durch Aufschlickung gegen das Meer hin verschob, wurden die nun weiter im Landesinneren gelegenen Mangroveteile durch unvollständig verwesende Pflanzenreste allmählich aufsedimentiert. Der Torfkörper wuchs schließlich so stark in die Höhe (teilweise mehr als 10 m), dass die Pflanzen keinen Kontakt mit dem mineralischen Untergrund mehr haben und völlig auf den Mineraleintrag durch die Niederschläge angewiesen sind. Der Mineralienmangel schränkt das Wachstum der auf diesen Hochmoorstandorten wachsenden Wälder sehr stark ein. Der Hochmoorwald ist zwar nach Walter und Breckle (1991) zumindest in seinen randlichen Teilen durchaus sehr artenreich und steht den Regenwäldern auf Mineralstandorten darin nur wenig nach. Der Kalkmangel durch die Bildung von Huminsäuren durch biologische Abbauprozesse ist aber auch für den niedrigen pH-Wert des Untergrundes verantwortlich. Der saure Untergrund verhindert die vollständige Mineralisierung der anfallenden Biomasse und lässt dadurch die Torfschichten immer weiter nach oben wachsen. In den in Südostasien weit verbreiteten Hochmooren (Malaiische Halbinsel, Sumatra, Borneo; aber auch Neuguinea) liegt dadurch eine der global wirksamsten Kohlenstoffsenken von großer Bedeutung für den Erdtemperaturhaushalt vor.

Bis um die Mitte des 20. Jahrhunderts blieben die riesigen Torfmoore der südostasiatischen Inselwelt, aber auch im Osten der malaiischen Halbinsel, ungestört. Das änderte sich ab den 1970er Jahren völlig.

In Indonesien wurde das Transmigrasi-Projekt gestartet mit dem Ziel, Javaner von ihrer stark bevölkerten Insel auf die dünner besiedelten Außeninseln zu verteilen. Dieses Vorhaben wurde von zahlreichen Rückschlägen begleitet und viel kritisiert, hat aber dennoch viele Millionen

Menschen in den „Außeninseln" Sumatra, Borneo und Sulawesi (früher: Celebes) dauerhaft neu angesiedelt. Der Gedanke, zu einem Ausgleich der Besiedlungsdichte zu gelangen sowie eine einheitliche Staatsbevölkerung zu schaffen, muss für die indonesischen Zentralregierungen etwas Faszinierendes gehabt haben. Was zu wenig bedacht wurde, war zum einen, dass die traditionellen Unterschiede in der Besiedlungsdichte der Inseln vor allem in der großen natürlichen Differenzierung der Bodenfruchtbarkeit liegen. Zum anderen unterschätzte man den regionalen Widerstand der Einheimischen gegen die javanische Zuwanderung.

Die Neusiedler aus Java wurden wohl nur in den Anfangsjahren mehrheitlich in neu gegründeten landwirtschaftlichen Familienbetrieben angesiedelt. Schon nach kurzer Zeit setzten sich große Kapitalgesellschaften als Plantagenbetriebe durch, die vor allem den Anbau der Ölpalme betrieben. Die weltweite Nachfrage nach pflanzlichen Fetten, neben der Ernährung auch zur Herstellung von Seife und für den technischen Bereich, hatte seit den 1970er Jahren stark zugenommen.

Einen erneuten Schub zur Ausdehnung der Ölpalmenpflanzungen ergab sich durch die Gesetze zur Bevorzugung erneuerbarer Energiequellen ab etwa der Jahrtausendwende. In Deutschland wurde 2000 das sog. Erneuerbare-Energien-Gesetz verabschiedet und zwischenzeitlich mehrfach „verschärft". Palmöl ist nicht nur zur menschlichen Ernährung geeignet, es ist auch ein hervorragendes und preisgünstiges Brennmaterial. Insbesondere die Produktion von Biodiesel, aber auch die Strom- und Wärmeerzeugung in vielen kleinen Blockheizkraftwerken, verwenden diesen Brennstoff oft bevorzugt. Das hat den Ölpalmenboom, insbesondere in Südostasien, noch einmal verstärkt.

Dabei handelt es sich allerdings nicht nur um einen klassischen Konflikt zwischen Umweltschutz und Naturschutz (vgl. Hupke, 2015, S. 29 ff., 293 ff.). Den Regenwald in Form von tropischen Waldhochmooren zu opfern, könnte ja je nach Perspektive noch angehen, wenn dafür ein entscheidender Gegenwert in Form von Klimaschutz erworben wird. Dies ist allerdings nicht der Fall; ganz im Gegenteil. Die Nutzung der ehemaligen Waldhochmoore ist nur möglich durch Entwässerung und anschließende Mineralisierung des Bodens, v. a. auch mit Hilfe von Kalk-Düngung. Die über Jahrtausende hin gesammelten und im Torf gespeicherten Kohlenstoffanteile werden dadurch als Kohlendioxid freigesetzt; das heißt, sie gelangen in die Atmosphäre, wo sie zu einer weiteren Klimaerwärmung führen. Es geschieht also im Prinzip das gleiche, als wenn man gleich fossile Energiequellen wie Kohle und Erdöl verwenden würde. Im Prinzip ist ja Torf die Anfangsstufe einer späteren möglichen Kohlebildung.

Die Verwendung von Palmöl für Verbrennungszwecke ist also nur klimafreundlich, wenn man die Palmölproduktion als nachwachsenden Rohstoff für sich betrachtet. Schließt man aber die damit notwendig verbundene Mineralisierung der Torflagerstätten mit ein, wird ein zu erwartender negativer Klimaeffekt deutlich.

Entscheidend ist auch die nationale Zuweisung von Verantwortlichkeiten in der Klimaschutzdebatte. Durch Verwendung nachwachsender Energierohstoffe in Deutschland, etwa auch Palmöl aus Südostasien, wird „unsere" Klimabilanz verbessert. Diejenige Indonesiens verschlechtert sich dadurch jedoch. – Muss man noch betonen, dass das Weltklima im Hinblick auf die Kohlendioxideffekte (und andere Treibhausgase) unteilbar ist?

6.4   Wasser sparen beim Toilettenspülen!

Seit den 1980er Jahren sind viele öffentliche und private Toiletten mit einem eigenen Spülknopf zum sparsamen Spülen ausgestattet worden, oft verbunden mit einem aufgeklebten Hinweis, doch aus Gründen der Umwelt sparsam mit der Wasserspülung umzugehen. Wobei keine Frage ist, dass der Wasserverbrauch den Verbraucher Geld kostet: den Wasserpreis und, mehr noch, die Abwassergebühren. – Doch ist Wassersparen auch gut für die Umwelt und somit ein Meilenstein in Richtung Nachhaltigkeit?

Zunächst muss man sagen, dass Mitteleuropa im Allgemeinen keinen Mangel an Wasser besitzt. Je nach Region ist es ausgestattet mit mittleren bis höheren Niederschlägen; in den Beckenlagen zumeist etwas weniger, in den Gebirgen und deren Vorländern mehr. Wassermangel in zurückliegenden Zeiten gab es vor allem in Regionen, die über einen wasserdurchlässigen Untergrund verfügen, der nicht imstande ist, das Wasser zu speichern, und dieses rasch in die Tiefe weiterleitet. Dies ist vor allem in den Kalkgebieten der Schwäbischen und Fränkischen Alb der Fall. Trotz eher überdurchschnittlichen Niederschlägen haben beide Räume einen Mangel an Oberflächengewässern, aber auch an Grundwasser und damit an Quellfassungen und Brunnen. Als Alternative wurden oft Zisternen unter dem Haus angelegt, in welche das Niederschlagswasser vom Dach her eingeleitet wurde. Man kann sich die Wasserqualität gut ausmalen, wenn vor allem nach einer längeren Trockenperiode Dachwasser, das mit Vogelkot und anderen Verunreinigungen angereichert ist, in die Zisterne eingeleitet wird. Noch älter sind mit Lehm abgedichtete Dorfteiche zur Entnahme des Trinkwassers (Hülen oder Hülben), die noch im 19. Jahrhundert zu fast jedem Dorfbild auf der mittleren Schwäbischen Alb gehörten. Hier wurde nicht nur das Trink- und Brauchwasser entnommen, hier badeten auch die Enten und Gänse des Dorfes und hier wurde am Abend das Vieh getränkt.

Ende des 19. Jahrhunderts begann allmählich der Anschluss der Schwäbischen Alb an die Wasserfernversorgung; zunächst über die Albwasserversorgung über die stark eingetieften Täler der Ostalb, wo das versickerte Grundwasser wieder heraustritt, schließlich über die württembergische Landeswasserversorgung schwerpunktmäßig aus dem Donauried unterhalb von Ulm. Nach dem 2. Weltkrieg wurde die Bodenseewasserversorgung aufgebaut, die schwerpunktmäßig auch den zentralen Verdichtungsraum des Mittleren Neckars um die Landeshauptstadt Stuttgart versorgt.

Entgegen dem Vorurteil ist eine solche Fernwasserversorgung über teilweise mehr als 100 km Entfernung wegen der großen Kapazitäten relativ günstig an Energie- und Aufbereitungskosten. Die Wasserpreise liegen zumeist unter denjenigen der lokalen Netze der Wasserversorgung, die auf lokalen Grundwasserentnahmestellen oder Quellfassungen beruhen, meist nur Kleinbereiche aus wenigen Tausend Haushalten versorgen und entsprechend aufbereitungs- und kontrollintensiv sind. Außerdem laufen lokale Wasserfassungen in extremen Sommern immer wieder Gefahr trockenzufallen.

Tatsächlich sind heute aber nicht mehr die Gewinnung und Aufbereitung von Trinkwasser das Hauptkostenproblem der Wasserversorgung, sondern die mit der Aufbereitung und Entsorgung des Abwassers zusammenhängenden Kosten. In den Abwasserkanälen wird nicht nur das verbrauchte Trinkwasser gesammelt, sondern auch ablaufendes Niederschlagswasser. Letzteres stellt die kapazitären Hauptanforderungen, da es sehr unregelmäßig anfällt und dann u. U. riesige Mengen erfasst und verarbeitet werden müssen, im Vergleich zu denen die relativ gleichmäßig eintreffenden Haushaltsabwässer eine zu vernachlässigende Größe darstellen. Die Mengen-Kapazitäten der Abwasserentsorgung und -aufbereitung sind also auf Niederschlagswasser, und nicht auf Haushaltswasser abgestellt. Rückhaltesysteme für Niederschlagswasser können diesen Umstand nur teilweise ausgleichen.

Unter diesen Umständen gibt es zwei Herausforderungen des Abwasserreinigungssystems:

zum einen die Haushaltsabwässer, die durch ihren hohen Verschmutzungsgrad problematisch sind; zum anderen Niederschlagswasser, das zwar etwas weniger angereichert mit Schmutzstoffen ist, aber in der Unregelmäßigkeit und episodisch riesigen Menge für die Kanalisation wie für die Kläranlagen belastend ist.

Hierbei wird klar, dass zusätzliches Toiletten-Spülen für das Abwassersystem kaum eine Belastung bedeutet. Weder wird dadurch der Verschmutzungsgrad gesteigert (oft muss sogar in den Kläranlagen noch sauberes Wasser zur besseren Aufbereitung zugesetzt werden), noch im Grenzfall von Starkniederschlägen das Gesamtaufkommen von Abwasser nennenswert erhöht. Zusätzlich abfließendes Toilettenwasser ist weder unter dem Gesichtspunkt der damit verbundenen zusätzlichen Trinkwassergewinnung noch der zusätzlichen Abwassermenge belastend.

Unter einem weiteren Gesichtspunkt ist reichliches Spülen sogar ausgesprochen gut. Wohl in jeder Toilette setzen sich in der Keramik des Syphoneingangs Rückstände an, die unappetitlich aussehen und oft auch schlecht riechen. Wohl jeder Haushalt ist bestrebt, diese zu verringern oder zu beseitigen. Neben Bürsten und Muskelkraft ist dies aber ohne zusätzliche aggressive Chemikalien nur schwer möglich. Diese sind für die Umwelt ein viel größeres Problem als eine größere Trinkwasserspülmenge. Durch stärkeres Spülen werden gerade diese Rückstände minimiert und die Anwendung von WC-Reinigern auf das nötigste reduziert.

6.5 Was man beim Mülltrennen lernen kann – symbolisches Handeln und reale Wirksamkeit

Im Heidelberger Hauptbahnhof stehen Müllbehälter, deren Oberfläche in vier Quadranten unterteilt ist. Jeder davon steht für eine andere Müllsorte: Papier, Verpackung, Glas und Restmüll. Der Müllmann kommt vorbei und schüttet jede Müllart in eine separate Kammer seines Sammelbehälters. Alles in Ordnung also?

Nicht ganz. Von dem, was der Mann da eingesammelt hat, wird das wenigste recycelt. Wenn überhaupt etwas.

Folgt man Darstellungen der Entsorger, wird zumindest bei den wichtigsten Materialien mehr als die Hälfte „wiederverwertet". Das beeindruckt zunächst. Nicht klar ist aber, was „Wiederverwertung" bedeutet. Für die Behandlung in einer Müllverbrennungsanlage mit dem Nebeneffekt der Energiegewinnung hätte man kaum so penibel trennen müssen. Ein weiterer Punkt: Warum sollten die Verwertungsquoten der Entsorger zuverlässiger gelten als, sagen wir, die Abgaswerte von Fahrzeugherstellern?

Aber gehen wir mal davon aus, die hohen Wiederverwertungsquoten stimmen. Das wird aber kaum auf konsequentes Mülltrennen zurückzuführen sein. Recycling benötigt homogene Ausgangsstoffe, z. B. Kunststoffe durchgehend aus Polyethylen, Glas einheitlicher Färbung,

Blechdosen rein aus Zinn usw. – Solche homogenen Materialien ergeben sich bei Abfallstoffen der Industrie häufig, z. B. bei Kunststoffverpackungen, wie sie oft in großen Mengen anfallen. Bei diesen großen homogenen Mengen ist Recycling in der Tat sinnvoll. Ähnliches gilt für PET-Flaschen, deren Zusammensetzung einer Normung entspricht. Da diese gezielt in den Verbrauchermärkten wieder eingesammelt werden, können sie auch in großen Mengen einem gezielten Recycling zugeführt werden.

Deutlich anders ist die Situation allerdings beim häuslichen Abfall. Hier sind so viele unterschiedliche Qualitäten gemischt, dass ein Trennen der Komponenten zu aufwendig und teuer wäre. Im Grunde ist, vielleicht von gut sortiertem Zeitungspapier abgesehen, qualitativ doch alles Restmüll.

Fast jeder Müllsortierende, und das sind wir fast alle, hat das Gefühl, dass zumindest richtig sortierter Müll die Chance hat als Recyclingprodukt wiederaufzuerstehen. Das Sortieren von Müll bewirkt ein gutes Gefühl. In der Sache leistet es dagegen wenig bis nichts.

Immerhin eine Zukunftshoffnung liegt im technischen Sortieren des Mülls durch eine nachgeschaltete Sortierautomatik. Schon heute werden die zumeist unsortiert in den Restmüll geworfenen elektrischen Batterien in einer „Müllwaschanlage" aufgrund ihres höheren Gewichts zu einem hohen Prozentsatz wieder aussortiert. Aber auch hier ist nach wie vor das Problem uneinheitlicher Stoffe, wenn die Müllgegenstände etwa als Buch aus Papier und Karton oder gar Kunststoffeinband, als Tetra-Pack aus den unterschiedlichen Materialien Papier und Kunststoff (für die Kunststoffbeschichtung sowie für die Einfüllschnaube) zusammengesetzt sind.

6.6 Nachhaltige Fortbewegung

In einer Broschüre der baden-württembergischen Landes-
regierung wird der Ausstoß von CO_2-Äquivalenten bei
den Bewegungsmodalitäten Fahrrad/Zufußgehen auf sage
und schreibe: 0,0 g pro Personenkilometer angegeben.
Fahrradfahren und Gehen also als völlig klimaneutrale
Fortbewegung?

Bei einer kritischen Betrachtung kann davon allerdings
keine Rede sein. Zuerst einmal verbraucht auch ein Radfahrer oder Fußgänger bei seiner Fortbewegung Energie.
Bereits ein Fußweg von rund 10 km, der drei Stunden
Gehzeit entspricht, benötigt eine Energiemenge, die eine
zusätzliche Hauptmahlzeit erfordert. Um diese Mahlzeit
zu kochen, wird Energie benötigt, die man ebenfalls in
CO_2-Äquivalenten umrechnen müsste. Die Lebensmittel,
die man dafür benötigt, müssen vom nächsten Lebens-
mittelladen besorgt werden. Sie müssen aber zunächst
einmal überhaupt erst dorthin gelangen. Das geschieht
keineswegs „zu Fuß", sondern per LKW. Aber auch der
Anbau dieser zusätzlich benötigten Lebensmittel verschlingt Energie, etwa über technische Hilfsmittel wie
Agrarmaschinen.

Zudem benötigt ein „rasender Fußgänger" (der Verfasser dieses Werkes ist selbst einer mit einer durchschnittlichen Tagesleistung von etwa 8 km, aber nicht aus
Nachhaltigkeitsgründen!) sehr viel mehr Kleidung, vor
allem an Schuhen und Socken, die sich rasch aufbrauchen.
Auch die müssen in die CO_2-Bilanz eingerechnet werden,
werden sie doch nicht allein durch Zufußgehen hergestellt
und ausgeliefert.

Zählt man alle diese energieverbrauchenden Prozesse des
Zu-Fuß-Gehens zusammen, erscheint der Verbrauch eines

durchschnittlichen PKWs auf den für den Fußgänger als Durchschnittstagesleistung erreichbaren 10 km mit etwa einem Liter Kraftstoff im Vergleich überhaupt nicht viel. Allerdings muss man selbstverständlich auch beim Auto noch Zusatzenergieaufwand hinzurechnen wie bspw. für die Produktion desselben oder für die Reifen, welche regelmäßig erneuert werden müssen. Das macht es alles nicht einfacher, den energetischen bzw. klimawirksamen Effekt zwischen Gehen und Autofahren zu vergleichen. Es wird aber gerade dadurch auch deutlich: Den oft behaupteten enormen „ökologischen" Vorteil des Gehens oder Radfahrens gegenüber dem Autofahren gibt es in dieser Form nicht. Wenn wir alle ab sofort sämtliche Kurzstrecken anstatt mit dem Auto zu Fuß erledigen würden, würde dies den gesellschaftlichen Gesamtenergieverbrauch zunächst jedenfalls um mehrere Prozentpunkte steigern. Dies wäre gegenüber einer gegengerechneten Ersparnis durch verhinderte Autofahrten in der Größenordnung durchaus vergleichbar (zu berücksichtigen ist hier ja auch, dass weitere Fahrten wie Urlaubsreisen weiterhin mit dem Auto stattfänden und dass die Durchschnittstagesleistung eines zugelassenen PKWs in Deutschland bei etwa 40 km liegt, die durch Gehen wohl kaum zu erreichen sind).

Aber da ist doch noch die gesundheitliche Nachhaltigkeit. Schließlich ist körperliche Bewegung doch gesund!

Sicherlich besteht eine statistisch enge Korrelation zwischen viel Bewegung und körperlicher Gesundheit. Aber ist ein Mensch nun gesund, weil er sich viel bewegt? Oder bewegt er sich viel, weil gesunde Menschen eben Spaß daran haben und dies gerne tun?

Um zu überprüfen, ob ein höheres Ausmaß an Bewegung tatsächlich langfristig zu mehr Gesundheit und damit zu höherer Lebenserwartung führt, müsste man Menschen jahrzehntelang ständig überwachen und „vermessen". Solange dies aus praktischen wie ethischen

Gründen ausgeschlossen erscheint, muss man entsprechende Schlussfolgerungen mit einer Portion Skepsis versehen. Man kann sicherlich an die gesundheitsfördernde Wirkung von viel Bewegung glauben. Gesichert ist das aber keineswegs. Jemand, der sich viel bewegt, wird auch nicht automatisch schlank (allerdings bewegen sich übergewichtige Menschen aus nachvollziehbaren Gründen weniger als Schlanke). Ein Mehr an Bewegung mit dem damit einhergehenden Energieverbrauch führt auch fast stets zu vermehrtem Hungergefühl und vermehrter Nahrungsaufnahme („Frische Luft" macht Appetit!). Als Hypothese durchaus ernst zu nehmen ist auch die Annahme, dass ein auf diese Weise erweiterter Energieverbrauch durch vermehrte Nahrungsaufnahme zu einer stärkeren Freisetzung freier Radikale führt, welche die genetische Substanz des Körpers angreifen. Dies könnte zu vermehrten krebsartigen Erkrankungen führen sowie den Alterungsprozess des Körpers beschleunigen. Das ist genauso wenig gesichert wie die gesundheitsfördernde Wirkung von mehr Bewegung; aber es zeigt doch, auf welchem unsicheren Terrain wir uns hier bewegen.

6.7   In den Urlaub fliegen und dennoch das Klima schützen?

Fliegen hat in Zusammenhang mit dem Schutz des Erdklimas gegen Erwärmung einen negativen Stellenwert erhalten. Zwar beträgt gerade auf Langstreckenflügen der Treibstoffverbrauch pro hundert Passagierkilometern kaum 5 l. Jedoch muss beim Vergleich mit dem Auto berücksichtigt werden, dass in diesem bei einem je nach Modell geringfügig höheren Verbrauch zumindest theoretisch bis zu 5 Personen sitzen (können), was den Verbrauch pro Person und gegebener Streckenlänge dann doch deutlich geringer erscheinen lässt. Zum anderen würde aber wohl kaum jemand eine Langstrecke nach Thailand oder Kenia mit dem Auto zurücklegen. Von den auf diesem Wege überhaupt nicht erreichbaren überseeischen Destinationen ganz zu schweigen. Da zudem die meisten Menschen noch freizeitbedingt fliegen, erscheint die Kritik an dem „unnötigen" Flugverkehr zumindest teilweise berechtigt.

Auch Fluggesellschaften sehen diese negative Imagewirkung durchaus und haben sich zur Gegenargumentation etwas einfallen lassen. Man kann seit einigen Jahren auch „klimaneutral" fliegen. Dies geschieht, indem ein im Vergleich zu den Ticketgrundkosten relativ geringer Zusatzbeitrag erhoben wird, von dem die Fluggesellschaft ein ökologisches Ausgleichsprojekt zu finanzieren verspricht, welches den während des Urlaubsfluges emittierten Kohlenstoff wieder einfangen und langfristig binden soll.

Meist handelt es sich um ein Aufforstungsprojekt in den ärmeren Ländern der Dritten Welt, in denen Aufforstung auch nicht so viel kostet wie in Hochlohnländern. Für ihr Wachstum entnehmen die Bäume Kohlendioxid aus der Atmosphäre; der Sauerstoffanteil wird dabei veratmet und der Kohlenstoff in der Biomasse, vor allem im Holzanteil, gespeichert. Man kann also zumindest ungefähr errechnen, wie viele Bäume für einen Fernflug gepflanzt werden müssen und wie teuer dies wäre. Dieser Betrag wird dem Passagier, der klimafreundliches Fliegen wünscht, auf den Ticketgrundpreis aufgeschlagen.

Rein rechnerisch scheint dies auch zu funktionieren. Man muss jedoch Folgendes bedenken:
Zuerst einmal ist ein Wald bzw. Forst grundsätzlich keine Kohlenstoffbindungsmaschine. Eine Bindung von atmosphärischem Kohlendioxid findet nur so lange statt, wie der Wald heranwächst. Hat er seine maximale Holz-

masse erreicht, befindet er sich im Gleichgewicht von Kohlendioxidbindung (durch weiteres Wachstum) und Kohlendioxidabgabe (bei Fällen der Bäume bzw. bei natürlichem Absterben und Verwesen). Wird ein solcher Wald nach einer Reifungszeit forstlich geschlagen, werden sich in ihrer persönlichen Umweltbilanz nachhaltige Holznutzer sowie ehemalige Passagiere den gleichen Effekt jeweils beide positiv anrechnen lassen, obwohl er nur einmalig entstanden ist.

Zu berücksichtigen ist die Zeitdauer des erreichten Aspekts. Eine Aufforstung kann während der Wachstumsphase des Waldes wie gesagt der Atmosphäre schon Kohlendioxid entziehen. Doch wenn dieses Holz dann geschlagen wird, einem Brand zum Opfer fällt oder anderweitig beseitigt wird, wird die darin enthaltene Kohlenstoffmenge zwangsläufig wieder freigesetzt. Das heißt aber auch, dass ein langfristiger Klimaeffekt erst dann gegeben ist, wenn man für diesen Wald eine Ewigkeitsgarantie gibt, was sachlogisch nicht realisierbar ist. Ein zeitlich begrenzter Entzug von Kohlenstoff während einer oder auch mehreren Baumgenerationen ist aber im Sinne eines langfristigen Klimaeffekts ineffektiv.

Weiterhin muss bedacht werden, dass der durch unsere Fluggesellschaft gepflanzte Forst ja nicht einen ansonsten vegetationsleeren Raum eingenommen hat. Hätte man den Wald nicht gepflanzt, hätte möglicherweise auch natürlich nachwachsender Wald oder hätten Pflanzungen mit oft einer ähnlich hohen CO_2-Bindung dessen räumliche Position eingenommen. Der hierbei eintretende Kohlendioxidbindungsprozess muss gegenüber dem Aufforstungseffekt gegengerechnet werden. Der Effekt der Baumpflanzung erscheint dann zumeist gar nicht mehr so hoch, wie von Passagier und Fluggesellschaft vermutet, die eine betonierte oder ansonsten vegetationsleere Alternativfläche angenommen hatten.

Die so oft beklagten weltweiten waldvernichtenden Einflüsse wie (zumeist menschlich verursachtes) Feuer, Beweidung und Holzeinschlag wirken ja weiter, auch und gerade wenn man einen Wald gepflanzt hat. Der Pflanzakt ist hier in seiner Dauerhaftigkeit (Nachhaltigkeit!) durchaus skeptisch zu sehen und dient, wie so viele Maßnahmen zur „Nachhaltigkeit", eher der symbolischen Selbstbespiegelung.

Schließlich muss bedacht werden, dass ein auf diese Weise betriebener Klimaschutz auch im Erfolgsfall enorme Flächen für Kohlenstoffbindung verbraucht, die damit zukünftigen Fluggästen (oder anderen Menschen, die etwas zum Schutz des Erdklimas tun wollen) nicht mehr für entsprechende Kompensationshandlungen zur Verfügung stehen. Oder anders ausgedrückt: Ein derartiger Klimaschutz verhindert einen zukünftigen vergleichbaren Klimaschutz von späteren Generationen, die dann nicht mehr so kompensatorisch ihr Klimagewissen bei Fernflügen beruhigen können. Bezogen auf die Flugkompensationsansprüche zukünftiger Generationen ist Kompensation von heutigen Fernflügen mit heutigen Aufforstungen dabei ganz gewiss nicht „nachhaltig".

Dass die Pflanzung von Forsten raschwüchsiger Baumarten auf der anderen Seite durchaus ein (positiv zu sehendes) Mittel zur markttechnischen Entlastung der Nutzung von Naturwäldern sein kann und damit helfen kann, an anderer Stelle Biodiversität zu schützen, steht auf einem anderen Blatt. Bei Nachhaltigkeit ist immer sehr vieles, in seiner Wirksamkeit auch Entgegengesetztes, mit zu berücksichtigen. Aber in unserem Betrachtungsaspekt des Klimaschutzes durch Kohlenstoffbindung scheint der Ausgleich von Flugkilometern durch Aufforstungen zumindest fragwürdig.

6.8 Die größte Passivhaus-Siedlung der Welt? Warum das Beispiel Heidelberg-Bahnstadt als Zukunftsmodell nicht taugt

Als die US-Army vor einigen Jahren überstürzt Heidelberg verließ, um sich an neuen Standorten in Süddeutschland anzusiedeln, wurden riesige Flächen an Kasernen und militärischem Gelände frei, u. a. im Umfeld des Heidelberger Hauptbahnhofes. Dazu kamen größere Rangierflächen, die aufgrund technischer Fortschritte und der Tatsache, dass der Heidelberger Hauptbahnhof sich bereits vor Jahrzehnten von einem Sackbahnhof in einen Durchgangsbahnhof gewandelt hat, nicht mehr erforderlich sind. Die Idee der lokalen Politik sowie öffentlicher Geldgeber wie der Sparkasse war nun, daraus eine zukunftsweisende Mustersiedlung mit geplanten mehreren Tausend Bewohnern und ähnlich vielen Arbeitsplätzen, vorzugsweise im forschungsintensiven Bereich, zu schaffen. Dazu sollte auch dem Nachhaltigkeitsgedanken Rechnung getragen werden durch eine Siedlung, die nicht mehr Energie verbraucht als unmittelbar wieder erzeugt wird.

Dieser „Nullenergie-Status" wurde angestrebt durch eine Anbindung an lokale Blockheizkraftwerke, die vor allem Holzressourcen lokaler Wälder nutzen. Diese Holzmengen fallen durchaus im normalen Bewirtschaftungsbetrieb mit dem Wirtschaftsziel Nutzholz an, etwa beim Durchforsten der Bestände.

Allerdings ist das Aufkommen von Holz begrenzt. Durch einen zusätzlichen Großverbraucher wie Heidelberg-Bahnstadt wird diese Menge prinzipiell verknappt und damit markttechnisch gesehen teurer. Zudem steht das für die Bahnstadt benötigte Holz nicht mehr anderen potenziellen Nutzern zur Verfügung. Die Bahnstadt taugt somit nicht zu dem, was sie zu sein vorgibt: zum Modell für andere. Im Gegenteil: Bei einer gegebenen Knappheit der Ressource Holz bedeutet das, dass die Bahnstadt durch ihren Verbrauch anderen Kommunen/Siedlungen die Möglichkeit zu einer vergleichbar nachhaltigen Energieversorgung nimmt. – Dass Nachhaltigkeit im Generellen leicht zu einer Selbstdarstellung auf Kosten anderer hinausläuft, wurde bereits mehrfach thematisiert.

Selbstverständlich wurde der Passivhaus-Standard der Bahnstadt nicht nur auf die Quellen der Energieversorgung bezogen. Die Wohnungen sind im Allgemeinen mit einer Abluftfunktion ausgestattet, die verbrauchte Luft abzieht und durch angesaugte Außenfrischluft ersetzt. Dies hat im Vergleich zu einer direkten Außenlüftung über Kippfenster den Vorteil, dass ein Teil der Abluftwärme wieder zurückgewonnen wird, um die angesaugte und jahreszeitlich überwiegend kältere Außenluft anzuwärmen. Die Idee ist also gut. Leider bleiben die so vorgeplanten Wohnungen weit unter ihren erwarteten Einsparpotentialen, weil die Bewohner doch auf die schräg gestellten Fenster nicht verzichten wollen. Sie wollen wohl das Zwitschern der Vögel hören, das Rauschen des Windes in den Bäumen, die Rufe spielender Kinder. Leben unter einer Art Glasglocke, wie von den Planern vorgesehen, liegt den meisten Menschen nicht.

6.9   Vegane Ernährung

Noch vor drei Jahren schien auch mir diese Setzung überzeugend: Fleischesser hinterlassen einen größeren „ökologischen Fußabdruck". Schließlich muss man ja auch je nach Produktionsziel 5 bis 10 pflanzliche Kalorien verfüttern, um eine tierische Kalorie ernten zu können. Dann doch lieber gleich pflanzlich sich ernähren. Wovon ein Fleischesser satt wird, kann man mit vergleichbarem Aufwand auch mindestens 5 Pflanzenesser zufriedenstellen. So etwa vertrat ich das auch gegenüber meinen Studierenden in meinen Vorlesungen.

Erst vor kurzem begann ich mich mit dem tatsächlichen Ernährungsverhalten der Veganer auseinanderzusetzen. Das mit der Ersparnis von Primärkalorien bei ausschließlich pflanzlicher Ernährung stimmt. In der Theorie jedenfalls. Man unterstellt dann einfach stillschweigend, die Veganer würden statt eines Schweineschnitzels oder Hähnchens einfach nur die ohnehin beigefügten Kartoffeln, Semmelknödel, den Reis oder die Teigwaren, zusammenfassend: die Sättigungsbeilagen, essen. Und davon ein wenig mehr, weil sie den Kalorienanteil der nicht gegessenen Tiernahrung ja kompensieren müssen.

Ich kenne zwar nun einige Veganer(innen); allerdings keine, die nur Sättigungsbeilagen essen würden. Das wäre auf die Dauer wohl kulinarisch zu eintönig. Wohl nahezu alle Veganer kompensieren die tierische Nahrung durch eine reiche Auswahl und vor allem durch eine große Menge an Gemüse und Salaten. In Anbetracht der ohnehin fleisch-, milch- und käselosen Ernährung sei ihnen das ja auch gegönnt. Nur stimmt dann die Überlegung nicht mehr, Sättigungsbeilagen gegenüber tierischen Nahrungsmitteln aufzurechnen, wie dies unreflektiert meist geschieht. Salate und überhaupt Gemüse haben nämlich so gut wie keinen energetischen Nährwert. (Fast) keine Kalorien zu besitzen, danach ist Gemüse ja schließlich definiert; andernfalls wäre es etwa Obst oder Kartoffeln. Dennoch, oder gerade auch deshalb, nehmen Gemüse einen immer größeren Anteil an unserer Ernährung ein. Und sie brauchen enorme Flächen sowie andere Ressourcen wie Arbeitskraft, Energie und Wasser, was sich ja auch im recht hohen Preis von Gemüse spiegelt, immer im Vergleich mit den Sättigungsbeilagen. Und wie gesagt, ohne einen nennenswerten Beitrag zur kalorischen Ernährung des Essers zu leisten.

Wie anders sieht das dagegen bei tierischen Nahrungs-mitteln aus: bei Eiern und Fleisch, bei Milch, Käse, Butter und Joghurt. Diese benötigen auch Flächen- und andere Ressourcen. Aber sie haben auch einen hohen Brenn-wert und sättigen von daher auch. Unterstellt man, dass Essen (von Genuss und Gesundheit hier mal kurz abzu-sehen) stammesgeschichtlich wie individuell-physiologisch v. a. den Zweck der Sättigung verfolgt, ist ihr ökologischer Fußabdruck durchaus nicht flächenverbrauchender als der des Gemüseessers. Da Fleischessen im Allgemeinen von den Praktizierenden als genusslastig bzw. lustvoll erfahren wird, benötigen sie auch nicht riesige Gemüseteller als Hauptmahlzeit und kleinere Gemüseteller als Zwischen-mahlzeit, sondern kommen mit nur ganz wenig Gemüse und mit ein paar Blättchen Salat aus.

Aber wie sieht es mit gesundheitlicher Nachhaltigkeit aus? Gemüse ist doch gesund, und die DGE (Deutsche Gesellschaft für Ernährung) gibt als Ernährungsdevise aus, fünfmal im Tag rohes Gemüse zu essen (der Obstanteil an der Empfehlung, mit hohen Zuckerwerten, wurde nur installiert, weil reines Gemüse mehrmals am Tag, für sich allein genommen, als nicht vermittelbar galt). Der Grund für eine gesundheitsfördernde Wirkung von Gemüse wird darin gesehen, dass dieses die Darmtätigkeit belebt und damit die bei der Verdauung entstehenden möglicherweise karzinogenen (krebserregenden) Substanzen schneller abgeführt werden. – Bei Darmträgheit mag dies durch-aus zutreffen. Aber die Mehrheit der Bevölkerung besitzt auch ohne dieses zusätzliche Gemüse einen Stuhlgang, der einmal oder zweimal im Tag einsetzt und der bei zusätz-lichem Gemüseanteil rasch in Blähungen und Durchfall übergehen würde. Wenigstens mir als Verfasser dieses

Werkes geht es so. Ich habe, daraufhin sensibilisiert, mit vielen Zeitgenossen gesprochen, denen es ganz ähnlich geht, und mit Ärzten, die aus Erfahrungen ihrer ärztlichen Praxis heraus von viel Gemüse dringend abraten.

Auch wenn ich kein Ernährungsfachmann bin, machen doch die entgegengesetzten Expertisen nachdenklich. So ist ein mir bekannter Facharzt sehr belesen in Ernährungsstudien und trinkt daraufhin sehr viel Kaffee (mit großem Anteil an Antioxidantien, mithin gut gegen den Alterungsprozess und zur Senkung des Krebsrisikos) und isst täglich Meeresfisch (mit Omega-3-Fettsäuren zur Verhinderung von vorzeitiger Arteriosklerose). Ein anderer Freund von mir, ebenfalls Arzt und ebenfalls sehr beflissen in Ernährungsforschung, macht es genau umgekehrt. Er trinkt keinen Kaffee (in Bakterienversuchen hat sich Koffein als mutagen herausgestellt; mithin: erhöhtes Alterungs- und Krebsrisiko) und isst grundsätzlich keinen Fisch aus dem Meer. Er sieht das Weltmeer als großes Abfallbecken der Menschheit, in welchem neben unzähligen Giftstoffen u. a. auch enorme Mengen von Plastikmüll enden, die im Zuge ihres Abbaus Nanoplastik entstehen lassen, welches im menschlichen Körper zwar nicht nachgewiesen schädlich, nach jetzigem Wissensstand aber in seinen gesundheitlichen Auswirkungen völlig unkalkulierbar ist.

- Die Frage, was jeweils gesund und was ungesund ist, hängt u. a. vom physiologischen Typus des Menschen und von evtl. Vorerkrankungen ab. Darüber hinaus lässt sich Schädlichkeit im Lebensalltag aus praktischen Gründen nicht so ohne weiteres nachweisen wie etwa im Experiment mit Labormäusen. Der menschliche Lebensalltag ist unendlich komplex, und eine einfache Korrelation von Werten ist noch kein Beweis für einen ursächlichen Zusammenhang. Für den Aussagewert eines jeglichen naturwissenschaftlichen Experiments gilt jedoch das „ceteris paribus". Das bedeutet, dass in einer vorgegebenen experimentellen Konstellation nur ein Faktor variiert werden darf; die übrigen müssen konstant bleiben. Das ist bei der Vermessung von Werten am lebenden Menschen nicht möglich; aus ethischen Gründen nicht, weil man die Probanden quasi gefangenhalten müsste, um ihre Ernährung kontrollieren zu können, und weil beim Menschen anders als bei Labormäusen noch eine besondere Langlebigkeit hinzukommt, die ein Experiment mit bis zu 80 Jahren Dauer bedeuten müsste.

Die Krux unseres modernen Weltbildes ist, dass für nahezu alle angenommenen Zusammenhänge und Entwicklungen, seien es gesunde Ernährung oder Ursachen für den Klimawandel, immer nur gute Hypothesen vorliegen. Einen im Sinne der naturwissenschaftlichen Erkenntnistheorie sicheren Nachweis zu führen ist bei äußerst komplexen Situationen völlig unmöglich.

Man muss den beteiligten Wissenschaftlern zugutehalten, dass diese die Ergebnisse ihrer Studien meist sehr zurückhaltend formulieren („möglicherweise", „nicht auszuschließen" etc.). Das macht sie insgesamt seriös und vertrauenswürdig. In den Medien wie von wirtschaftlich und politisch interessierter Seite werden diese fragilen Erkenntnisse dagegen zumeist als platte Wahrheiten wiedergegeben.

6.10 Nachwachsende Rohstoffe statt Plastik!

Dass Kunststoffabfälle ein globales Umweltproblem geworden sind, soll im Folgenden nicht abgestritten werden. Bestritten wird aber, dass die Umwelt automatisch wieder „eingerenkt" wird, wenn wir nur alle von Plastik auf Glas (bei Flüssigkeitsbehältnissen) oder auf Papier oder Pappe (bei sonstigen Verpackungen) umstellen würden.

Grundsätzlich sind Papier oder Pappe eher energie-intensiver in der Herstellung als Kunststoffe. Damit wird ein anderes Umweltproblem eher ausgeweitet. Vor allem aber benötigen wir trotz eines teilweisen Recyclings dafür Wälder und damit Flächen, die wiederum für die mensch-liche Ernährung, für erneuerbare Energiequellen und für Naturschutz fehlen.

Zum anderen besitzen Kunststoffe als Material einen riesengroßen Vorteil, der gleichzeitig ihr größtes Problem darstellt: Plastik ist nach menschlichen Maßstäben fast unbegrenzt haltbar. Dieser Vorteil zeigt sich bereits im täglichen Gebrauch: Es ist zumindest ein Rechenfehler, eine Tragetüte aus Kunststoff einer Papiertüte gegenüber-zustellen. Eine Plastiktüte kann mehrmals verwendet werden. Sie ist auch reißfester bei gleicher Materialdicke und damit gleichem Rohstoffmengenverbrauch; abgesehen davon, dass sie im Vergleich zu Papier auch noch regenfest ist.

Glas und Kunststoffe sind ideal für den mehrmaligen Gebrauch. Insofern war die Idee einer Firma, die Senf herstellt, gar nicht so übel, diesen von vornherein für den Verkauf in „Trinkgläser" einzufüllen. Überdies sind Kunststoffe für den hohen Verbrauch an fossilen Brenn-stoffen nur ganz marginal verantwortlich: Was wir an Öl, Gas und Kohle energetisch benötigen, ist mehr als eine Zehnerpotenz höher anzusetzen als diejenige Menge, welche für die Herstellung von Kunststoffen benötigt wird.

Aber natürlich: Das Problem der Verschmutzung v. a. der Meere durch Kunststoffe bleibt bestehen, ebenso das nach derzeitigem Wissenstand unkalkulier-bare Gesundheitsrisiko von Nanoplastik, welches neben der Produktion u. a. für die Kosmetische Industrie auch durch den „natürlichen" Abbau von Kunststoffen entsteht. Dieses ist so klein (bis in den mono-molekularen Bereich), dass es durch die Haut aufgenommen werden und bei Einatmen durch die Lungenbläschen in den Blutkreislauf gelangen kann.

Plastik soll damit keineswegs zur besseren Alternative für die Umwelt erklärt werden. Es kann dieses durchaus sein – oder aber das genaue Gegenteil. Es kommt immer auf den Nachhaltigkeitsaspekt an, den wir jeweils betrachten.

Die Medien wie deren Konsumenten interessieren sich aber nicht für komplexe Zusammenhänge, die bei gründlicherer Betrachtung oft in Gegenläufigkeit oder in „Nullsummenspielen" enden. Die Realität der Medien fordert klare, plakative Aussagen. Diese entsprechen keineswegs, wie in westlichen Gesellschaften zumeist unterstellt, im Regelfall der „ganzen" Wahrheit. Es handelt sich vielmehr um Behauptungen, die sich (ökonomisch wie nach Leserziffern bzw. Maus-Klicks) einfach gut „verkaufen" lassen, damit den Interessen der beteiligten Akteure dienen.

6.11 Auch „nachhaltige" Nutzung der Natur schafft Probleme: Das Beispiel der Förster und Imker

Ein Hauptanliegen zumindest für die westlichen Industriestaaten war bei UNCED (United Nations Conference on Environment and Development) 1992 in Rio de Janeiro (kurz: „Konferenz von Rio") die bedrohten tropischen Feuchtwälder mit ihrer immensen Biodiversität zu schützen. Nur als ein ungefährer Größenmaßstab: Während europäische naturnahe Wälder max. rund 20 Baumarten pro ha enthalten, können in tropischen

Regenwäldern, je nach Wald-Typus und Region unterschiedlich, bis zu mehr als 200 Arten pro ha vorkommen. Während es in Europa etwa 200 wildlebende Baumarten gibt, sind es im etwa gleich großen Amazonien rund 20.000. Halten wir diesen gravierenden Unterschied in der Biodiversität von europäischen und feuchttropischen Wäldern zunächst einmal fest. Wir werden gleich wieder darauf zurückkommen.

In der „Agenda 21" als einem der wichtigsten Protokolle der Rio-Konferenz wird der Kampf gegen den Verlust von Wäldern und deren genetischer Diversität festgeschrieben. In der Folge kam eine Anzahl von Labels auf den Markt, welche die nachhaltige Herkunft der jeweils gehandelten Produkte „garantieren". Mit ihnen schmücken sich nicht nur Schulbuchhersteller und Kartonagen-Fabrikate, sondern auch Produkte, in welchen der Holzanteil nur den geringsten Teil des Endprodukts darstellt.

Aber was bedeutet „aus zertifiziertem Waldbau", „aus nachhaltiger Holznutzung" u. ä.? Zunächst einmal, dass naturnahe Waldbilder angestrebt werden: also eine Mischung von Baumarten und Baumaltersgenerationen, ein gewisser Anteil an Totholz, Kahlhiebe vermieden werden etc. – Dies ist neben einer naturschützerischen Relevanz auch schön für das Auge und vermittelt den Eindruck, einen natürlichen Waldbestand vor sich zu haben.

Doch das (innere) Auge, welches fortbestehende Vielfalt vorspiegelt, täuscht sich in gewisser Weise. Bereits in unseren Mittelbreiten ist ein solcher Nutzwald grundsätzlich anders strukturiert als ein vom Menschen unberührter Urwald, den es hier in dieser Form fast nicht mehr gibt. Einige Arten von Bäumen, aber auch an bodendeckenden Kräutern und insbesondere an Pilzen und an Insekten, sind seltener geworden oder auch ganz verschwunden.

Alte Bäume sind rarer geworden; wäre es anders, hätte es ja auch kein Holz zu ernten gegeben. Insbesondere hat sich aber auch der Anfall von Totholz verringert, weil es durch die Nutzung der alten Bäume sterbende und tote Bäume kaum noch geben kann. Darunter leidet die Frequenz von Insektenarten, die wie die Larven von mehr als 1000 europäischen Käfern von totem Holz leben. Dies betrifft aber auch viele Pilze, welche größere Mengen vermodernden Holzes benötigen.

Machen wir uns also nichts vor: Ein Wirtschaftswald, auch wenn er, nach ästhetischen Maßstäben, „nachhaltig" bewirtschaftet wird, wird im Vergleich zum unberührten Urwald (in der Sprache der botanischen Fachwissenschaft: Primärwald) immer einer Strukturvereinfachung unterliegen. Dieser Rückgang an Teillebensräumen (vor allem solchen, die an Alt- und Totholz gebunden sind) geht zulasten der Artenvielfalt. Dass die Gesamtartenzahl eines genutzten Waldgebietes dabei nicht abnehmen muss, ist für diese Betrachtung ohne Belang: es handelt sich um zugewanderte lichtliebende waldfremde Arten, häufig um „Allerweltsarten", die ohnehin auf anderen Flächen außerhalb des Waldes sich jeweils rasch ansiedeln und die von daher nicht bedroht sind.

Noch stärker wirkt sich die der Nutzung folgende Strukturvereinfachung des Waldes und seiner ökologischen Nischen allerdings auf den tropischen Regenwald aus. Jede Durchforstung, wie bei zweihundert verschiedenen Baumarten auch nicht anders zu erwarten, führt zu einem Verschwinden der meisten dieser Arten und damit zu einem gewaltigen Verlust an Biodiversität, weil mit den Baumarten ja häufig in enger Symbiose v. a. viele Insektenarten verbunden sind. Von daher beschädigt jede Nutzung gerade das, was man an den tropischen Wäldern als besonders wichtig, aber auch als sehr verletzlich erkannt hat: die enorme Biodiversität. Dem gegenüber steht ein Holzertrag, der gemessen an diesen gigantischen Zerstörungen und Genomverlusten, weil er ja einzelstammweise und „nachhaltig" erfolgt, gegenüber forstlichen Monokulturen geradezu marginal wirkt.

Gerade diese Monokulturen sind es, die einen maximalen Ertrag von holzwirtschaftlich präferierten Baumarten gewährleisten, häufig Eucalyptus- und Acacia-Arten oder Karibische Kiefer. Natürlich sind diese Wälder „ökologisch" so gut wie wertlos; aber das sind in einiger Hinsicht die durchforsteten Regenwälder auch, zumindest gemessen am im letzteren Falle geringen Holzertrag. Die Stärke gerade der „Holzplantagen" diesen gegenüber ist jedoch der hier sehr hohe Ertrag. Man könnte den Unterschied auch so ausdrücken: Bei Holzplantagen als Monokulturen ist im Vergleich zu „naturnahen Waldbildern" der ökologische Verlust gemessen am wirtschaftlichen Wertgewinn eindeutig geringer. Um es noch einmal zu sagen: Es geht nicht so sehr darum, dass ein gefälliges Bild eines naturnahen Waldes erhalten bleibt, sondern es geht darum, bei (wirtschaftlich gebotenem) maximalen Holz-ertrag möglichst wenig Biodiversität zu zerstören. Da haben die Holzplantagen als Monokulturen eindeutig Vor-teile gegenüber einer „nachhaltigen Regenwaldnutzung".

Die beste Strategie zur Erhaltung von möglichst viel tropischer Wald-Biodiversität wäre vermutlich eine räumliche Mischung von Monokulturen bevorzugter Holzarten einerseits (die maximalen Flächenertrag gewährleisten) mit unberührt und frei von jeder Holznutzung verbliebenen Primärwaldgebieten andererseits. – Nachhaltige Wald-nutzung vereinigt im Gegensatz dazu eher die Nachteile beider Systeme: wenig Holzertrag bei starker Zerstörung. Gerade wenn man Monokulturen anlegt (auf Flächen, die zuvor Primärwald getragen hatten) schafft man von der Höhe des Holzertrags her die Voraussetzungen und die Möglichkeiten, an anderer Stelle Flächen im

Primärwaldstadium zu belassen. Dies gilt natürlich nur, solange Primärwald noch vorhanden ist und nicht etwa der nachhaltigen „schonenden" zertifizierten Waldnutzung zum Opfer gefallen ist.

Die Label zur nachhaltigen Waldnutzung bestätigen also, zumindest in den Tropen, im Regelfall nur eine die Biodiversität vernichtende Form der Waldnutzung, wenn man diese auf ihre Konsequenzen hin verfolgt.

Aber nicht nur **Förster** haben es trotz widersprüchlicher Berufsanforderungen (Holzwirt, Jäger, Tierschützer, Naturschützer, staatliche Ordnungsgewalt im Forst) geschafft, sich in der öffentlichen Meinung (das ist so ziemlich gleichbedeutend mit dem Meinungsbild in den Medien) als naturnaher und generell „nachhaltiger" Berufsstand zu etablieren, was ja auch Forsthaus-Soaps mit einschließt und wiederum durch diese verstärkt wird. Auch **Imker** gelten allgemein als naturfreundlich, kämpfen sie doch gegen das „Bienensterben" an, welches als Unterproblem des Insektensterbens das Gleichgewicht in der Natur so sehr bedroht. Um es vorweg zu sagen: Ökologische Zusammenhänge unter Tausenden von Arten sind derartig komplex, dass es nicht einfach ist, eine wissenschaftlich gesicherte Aussage zu machen. Es gibt aber zumindest Hinweise, dass im Krimi des Insektensterbens Imker nicht bloß Opfer, sondern vermutlich auch „Täter" sind.

Imkerei besitzt eine lange Tradition. Ursprünglich wird der Mensch wildlebende Bienenvölker genutzt haben, wie das wildlebende Tiere wie etwa Bären auch gerne tun. Auch wenn Zucker als Hauptbestandteil von Honig unter heutigen Ernährungsphysiologen keine besondere Wertschätzung mehr erfährt, ist doch unbestritten, dass Zucker (oder sagen wir einfach: Süßes) für die meisten Menschen in ihrer Nahrung unverzichtbar erscheint. Heute wird dieser Bedarf durch Zuckerrohr und Zuckerrüben gedeckt, zunehmend auch durch zuckerfreie Süßungsmittel. Diese Sicherung des Zuckerbedarfs, bei dem viele Ernährungsberater gerade eben auch ein Problem sehen, ist zumindest für die breite Mehrheitsbevölkerung eine sehr moderne Erscheinung. Die Nutzung von Zuckerrohr war zwar in asiatischen Ländern bereits in vorchristlicher Zeit in Gebrauch; in Mitteleuropa hingegen hielt Rohrzucker erst ab dem Hochmittelalter Einzug. Einheimisch gewonnener Rübenzucker konnte sich erst im Laufe des 19. Jahrhunderts durchsetzen. Dies war aber auch die Zeit, in welcher Zucker generell auch unter einfachen Volksschichten erschwinglich wurde, was auch mit dem entstehenden Eisenbahn- und Dampfschiffwesen und der damit verbundenen Effizienzsteigerung des Transportbereichs zusammenhängt.

In die Diskussion um die Schädlichkeit des Zuckers als Bestandteil der menschlichen Nahrung möchte sich dieses Buch nicht einmischen. Auf jeden Fall muss festgehalten werden, dass Zucker nicht nur schädlich sein kann als Karies-Verursacher, im Hinblick auf Diabetes oder auch in seinem Beitrag zur kalorischen Überernährung, sondern dass Zucker auch eine Wirksamkeit hat im Hinblick auf eine rasche Leistungssteigerung, wie sie v. a. für körperlich hart arbeitende Menschen vor der industriellen Mechanisierung große Bedeutung besitzt. Außerdem steht „Süßes" auch für Lebensqualität und für Lebensgenuss.

Solange Zucker allerdings zumindest in Mitteleuropa knapp und teuer war, hatte die einfachere Bevölkerung ein Problem, den Bedarf zu decken. Man musste zu zuckerhaltigen „Ersatzmaterialien" greifen. In diesem Zusammenhang spielt Trockenobst eine Rolle, um die Versorgung auch außerhalb der Reifezeiten von Obst zu ermöglichen. Allerdings ist der Zuckeranteil von Obst recht gering und die Süßungswirkung auf Speisen wie bspw. Grießbrei, Hirsebrei oder Haferschleim recht begrenzt. Als einziges echtes Süßungsmittel, welches fast ausschließlich aus dem begehrten Zucker besteht, kam daher für weite Schichten nur Bienenhonig infrage. Dies erklärt die große Bedeutung der Haltung von Honigbienen seit römischer Zeit.

In heutiger Zeit wird Honig allerdings wegen der allgemeinen Verfügbarkeit von Rüben- und Rohrzucker viel weniger nachgefragt. Der Bienenhaltung hat dies allerdings keinen Abbruch getan. Möglicherweise wurde noch niemals so viel Honig produziert wie gerade heute. Für viele Menschen ist die Imkerei nämlich nun zum naturnahen Hobby geworden. Der dabei mehr oder weniger zwangsläufig produzierte Honig wird gerne im Bekanntenkreis verschenkt, der es sich nicht anmerken lässt, dass er am Morgen meist lieber gezuckertes Müsli als Honigbrötchen verzehrt. Der auf Bienen- wie Imkerseite so mühselig gewonnene Honig wandert dann zumeist in die Mülltonne.

Dabei ist die Honigbiene eines der ältesten Haustiere des Menschen und vor allem im Orient seit vorgeschichtlicher Zeit in Nutzung. In diesem langen Prozess der Züchtung wurden und werden die Bienenvölker im Honigproduzieren immer leistungsfähiger. Sie sind heute im Vergleich zu ihren natürlichen Verwandten nahezu Nektarsammelmaschinen geworden. Man kann diesen Leistungszuwachs durchaus vergleichen mit einer wildlebenden Kuh und einer heutigen Hochleistungskuh, was in diesem Falle die Milchproduktion betrifft. Diese Leistungsfähigkeit ist durchaus ein Vorteil etwa in einem blühenden Rapsfeld oder einer kommerziellen Obstanlage, wo es darum geht, in kurzer Zeit möglichst viele Blüten zu befruchten. – Sehr viel negativer zu sehen ist allerdings dieser Leistungseffekt in einem naturnahen Lebensraum, wie es die meisten unserer Naturschutzgebiete darstellen, wo ein gleichmäßiger Blütenreigen vom zeitigen Frühjahr bis in den Spätherbst reicht, aber nie so viele Pflanzen auf einmal blühen wie etwa in einem Rapsfeld. Hier sammeln die Honigbienen buchstäblich die Blüten nektarleer. Für die vielen (in Mitteleuropa insgesamt weit über 500) anderen (Wild-)Bienenarten, die von Natur aus weniger effizient im Honigsammeln sind, kann dies durchaus zum Problem werden. Sie werden durch das massierte Auftreten von Honigbienen aus ihrem Nahrungsreservoir tendenziell verdrängt und damit seltener.

Von der Öffentlichkeit wird fast durchweg nur ein generelles „Bienensterben" angenommen. Im Detail betrachtet werden jedoch über die Jahre hinweg die Honigbienen immer häufiger und die meisten Wild-bienenarten seltener. Es greift zu kurz, dabei ausschließlich der Imkerei die Schuld zu geben. Ursächlich mit beteiligt am Rückgang der vielen Wildbienen ist diese aber doch.

6.12 (Bio-/Öko-)Bauern, die auf chemischen Pflanzenschutz, synthetischen Dünger und Gentechnik verzichten: die Nachhaltigsten unter den Nachhaltigen?

Keine Frage: Wie viele synthetische und damit zunächst einmal naturferne Stoffe sind auch Agrarchemikalien zumindest eine potenzielle Gefahr für die naturnahe Umwelt, bedrohen potentiell Tier- und Pflanzenarten sowie deren Lebensgemeinschaften. Der oft beklagte, noch nicht genügend verifizierte, aber doch wahrscheinlich gemachte Rückgang zahlreicher Insektenarten könnte hier seine Ursache haben. Auch Auswirkungen auf die mensch-liche Gesundheit durch Rückstände in der Nahrungskette sind zumindest möglich. Grund genug also für eine Umkehr und zu einer Wiederbesinnung auf naturnahe und industrieferne Produktionswege, wie sie etwa in dem an Bedeutung immer noch zunehmenden biologisch-ökologischen Landbau umgesetzt werden. Das sieht der Verfasser dieses Buches durchaus genauso.

Wie so oft bei Nachhaltigkeitsbetrachtungen gibt es aber auch hier nicht nur den einen, den richtigen Weg. Grundsätzlich ist die nicht-konventionelle Bewirtschaftung (der Begriff hat sich so eingebürgert, auch wenn man eher die traditionelle Landwirtschaft ohne Verwendung von Industriechemikalien als „konventionell" bezeichnen müsste) tendenziell ertragsärmer als die konventionelle, die auf einen maximalen Flächenertrag ausgerichtet ist.

Der Produktivitätsrückstand „ökologisch" wirtschaftender Betriebe pro Flächeneinheit liegt, folgt man Tab. 6.1, je nach Produktionsziel in den betrachteten Betriebszweigen bei mehr als 20 bis über 50 %, im Mittel bei etwas mehr als 30 %. Dieser geringere Ertrag rechtfertigt markttechnisch gesehen auch das etwas höhere Preisniveau von „Bioprodukten". Es ist gerade dieses etwas

Tab. 6.1 Vergleich der Produktivität von Konventionellem und Ökologischem Landbau. (Bundesministerium für Ernährung und Landwirtschaft 2015, S. 59; die dort angegebenen Kilogramm-Zahlen bei der Milchproduktion wurden der Anschaulichkeit wegen in Liter umgerechnet)

Vergleichswert	Ertrag Konventionelle Betriebe	Ertrag „Ökologische" Betriebe
Viehbesatz in Vieheinheiten pro 100 ha	147,3	76,5
Weizenertrag in dt pro ha	79,9	37,2
Kartoffelertrag in dt pro ha	389,8	210,4
Milchleistung in Litern pro Kuh	7810	6047

höhere Preisniveau, welches die Produkte des ökologischen Landbaus für Menschen, die wegen Einkommensknappheit mit Lebensmittelpreisen eng kalkulieren müssen, unattraktiv macht und diese im Moment noch zum Marktsegment für eine (wachsende) besser gestellte Minderheit werden lässt. Aber die Apologeten des Ökologischen Landbaus sehen diesen durchaus als Vorbild an für die im Moment noch konventionell sich ernährende weltweite Bevölkerungsmehrheit.

Neben der Frage der Finanzierbarkeit bei einer Weltbevölkerungsmehrheit, die immer noch von nicht mehr als etwa zwei US-Dollar pro Person und Tag leben muss, würde sich die Welt aber bei einer universalen Gültigkeit des Ökologischen Landbaus auch ein Flächenproblem einhandeln. Um die Gesamtbevölkerung der Erde ökologisch-nachhaltig zu ernähren, müsste die Weltagrarfläche um rund 50 % ausgeweitet werden, damit die geringere Flächenproduktivität des Ökologischen Landbaus durch eine größere Anbaufläche kompensiert werden kann. Dies ist fast nicht vorstellbar, wenn man bedenkt, dass schon heute die letzten naturnahen anbaufähigen Flächen zunehmend aufgezehrt werden.

Eine generelle Umstellung der Weltlandwirtschaft auf Ökologischen Landbau würde auf Kosten der Hungernden dieser Welt gehen bei einem immer noch anhaltenden Weltbevölkerungswachstum. Zusätzlich wären die Zielvorstellungen eines Teilüberlebens naturnaher Flächen, insbesondere aber der tropischen Wälder und Savannen mit ihrem großen Artenreichtum, als Naturschutzgebiete oder Nationalparks vollends Makulatur.

Neben Agrarchemikalien helfen durchaus auch moderne gentechnische Methoden bei neuen Pflanzenzüchtungen mit, die notwendige Gesamtgröße von Agrarflächen auf ein für die Menschheit wie die Natur noch erträgliches Maß zu begrenzen. Die Gentechnik leistet auf gezielte Art und Weise in etwa das, was Pflanzenzüchter über Jahrtausende hinweg stets und dabei recht ungezielt vorgenommen haben. Unsere Vorstellungen von Mutanten, die uns allen gefährlich werden könnten, sind aus Fantasy- oder Hollywood-Produktionen entnommen. Fast alle Mutationen sowie gezielten genetischen Veränderungen gereichen ihrem Träger ohnehin zum Nachteil, was damit zusammenhängt, dass sie in ein durch Jahrmillionen durch die Evolution optimiertes System eingreifen. Freigelassen oder ausgewildert sind gentechnisch veränderte Arten so gut wie stets in ihrer Fähigkeit zu überleben eingeschränkt; dass daraus ein Problem erwächst, ist damit nicht zu erwarten.

7

Warum „technischer Fortschritt" vielleicht doch nicht so sehr als Problemlöser taugt

Viele Hoffnungen konzentrieren sich auf den technischen Fortschritt, etwa im Bereich einer erhöhten Energie-effizienz technischer Systeme. Nehmen wir diesen einmal etwas näher in den Blick.

Seit den 1970er Jahren hat sich der **Energieverbrauch im PKW-Bereich** pro bewegter Tonne und Kilometer deutlich verringert. Heutige Fahrzeuge sind damit ver-gleichsweise „energiesparend". Von daher müssten wir heute weniger Treibstoffe verbrauchen als vor einem halben Jahrhundert.

Dies ist leider nicht der Fall. Zum einen wird heute, gerade auch weil die Benzinrechnung durch sparsameren Verbrauch relativ geringer ausfällt, eher mehr Auto gefahren. Dies gilt nicht nur für unsere Gesellschaft, sondern vor allem für den weltweiten Vergleich.

• Zum anderen fahren wir heute durchschnittlich Autos, die weit schwerer sind als vor Jahrzehnten, wozu vor

© Der/die Autor(en), exklusiv lizenziert durch Springer-Verlag GmbH, DE, ein Teil von Springer Nature 2021
K.-D. Hupke, *Warum Nachhaltigkeit nicht nachhaltig ist*,
https://doi.org/10.1007/978-3-662-63332-8_7

allem SUVs beigetragen haben. Der Treibstoffverbrauch pro Auto ist dadurch, trotz und gerade wegen
der hypothetischen Einsparung, deutlich gesteigert
worden. Argumentiert wird in diesem Zusammenhang
regelmäßig mit der Sicherheit der schweren Fahrzeuge
für die Insassen. – Die Sicherheit der Fußgänger und
Radfahrer im Straßenverkehr ist dies aber leider nicht.

Aber nicht nur der Verkehr, auch Haushaltungen verbrauchen doch einen großen Teil der produzierten
Energie. Haben da nicht „Energiesparlampen" große
Fortschritte gebracht? – Leider kann auch dies so nicht
verifiziert werden. Zum einen sind, auch durch „preis-
sparende" Lampen mitbedingt, unsere Ansprüche an
Helligkeit in den Räumen sehr gestiegen. Wo noch vor
einer Generation eine 60-Watt-Lampe über dem Esstisch
eingesetzt wurde, hängt heute häufig ein Strahler, welcher
das zumindest fünffache Licht bei dann insgesamt nur
geringfügiger Stromersparnis erzeugt. – Hinzu kommt,
dass wir im Generationenvergleich pro Person heute sehr
viel mehr Wohnraum beanspruchen, der auch dann vermehrt beleuchtet werden muss. Davon, dass die frühere
Stromverschwendung durch energieineffiziente Lampen
und bei entsprechend stärkerer Wärmeabstrahlung auch
den zusätzlichen winterlichen Heizungsaufwand verringert
haben könnte, einmal ganz zu schweigen.

Technischer Fortschritt auf dem Gebiet der Energieein-
sparung führt regelhaft zu einem ansteigenden Verbrauch
an dem betreffenden Produkt. Dazu wurde er von den
Herstellern schließlich auch eingeführt!

Auf die „technische Lösung", umweltschädliche fossile
durch „umweltfreundliche" erneuerbare Energierohstoffe
zu ersetzen, wird im Rahmen dieses Buches an mehreren
Stellen kritisch Bezug genommen. Diese Thematik soll
daher an dieser Stelle nicht wiederholt werden.

8

Die Überbetonung der Wirksamkeit des Einzelnen: Nur noch teure Jeans kaufen?

Im Regal eines Supermarktes stehen unterschiedliche Packungen pasteurisierter Milch. Die eine ist nahezu doppelt so teuer wie die andere. Der Inhalt, soweit man das aufgrund der Packungsinschriften erkennen kann, ist in beiden Fällen der gleiche: Milch, pasteurisiert, Fettgehalt 1,5 %. Die teurere Milch gehört zu einer sog. Marke. Sie wird in Fernsehen und auf Plakatwänden heftig beworben, wo man eine attraktive junge Frau sieht, die aus einer silbermetallisch glänzenden Kanne „mit viel Liebe" Milch abgießt. So eine Werbung kostet. Sie verteuert den Preis des Endproduktes. Man kann davon ausgehen, dass es sich beidemal bei pasteurisierter Milch mit gleichem Fettgehalt durchaus um das gleiche Produkt handelt. Dennoch ist die Markenmilch doppelt so teuer. Das preisgünstigere Gegenstück ist die Hausmarke der betreffenden Supermarktkette. Sie wird praktisch überhaupt nicht beworben und überzeugt ausschließlich durch

© Der/die Autor(en), exklusiv lizenziert durch Springer-Verlag GmbH, DE, ein Teil von Springer Nature 2021
K.-D. Hupke, *Warum Nachhaltigkeit nicht nachhaltig ist*,
https://doi.org/10.1007/978-3-662-63332-8_8

ihren günstigen Preis. Dieser ist allerdings nur möglich, weil auf die teure Produktwerbung verzichtet wird.

Dem Käufer der Milch sind diese Zusammenhänge allerdings zumeist nicht klar. Die Marke besitzt bereits einen klingenden Kunstnamen, der nicht erkennen lässt, dass es sich um ein industrielles Massenprodukt handelt. Name und mediale Werbepräsenz sprechen die gleiche Sprache: Hier erhält der Kunde etwas ganz Besonderes. Etwas, das als Einzelprodukt mit viel Liebe hergestellt ist. – Dem Kunden ist der höhere Preis der Marke in aller Regel bewusst. Er kauft sie zumeist, weil er ihr eine höhere Produktqualität unterstellt. Dass das gleiche Produkt nur deshalb zu einem höheren Preis verkauft wird, weil ja die umfängliche Werbung finanziert werden muss, ahnt er nicht.

Nicht immer lässt sich bei kritischem Nachdenken so leicht wie in unserem Beispiel mit der Milch erkennen, dass nicht allein der Gebrauchswert eines Produktes dessen Preis bestimmt. Bei teuren Textilien ist oft wirklich die Qualität des Stoffes oder der Verarbeitung besser. Den höheren Preis einer Textilie bestimmt allerdings auch hier wieder zum größten Teil die mit einem Markenlabel verbundene aufwendige Werbung. Wenn schon der Gesamtpreis eines Kleidungsstücks höher ist, lassen sich damit auch bessere Qualitäten finanzieren; sozusagen als Nebeneffekt. Sicher ist auf jeden Fall nicht, dass bei einem höheren Produktpreis auch eine höhere Warenqualität erreicht wird, wie das Beispiel der Milch zeigt. Es gibt auch in Stoff und Verarbeitungsqualität unglaublich schlechte Ware, die sich aber zu einem hohen Preis verkauft, weil sie gerade „in" ist. Eine solche von der Produktqualität unabhängige Nachfrage entsteht freilich nicht von selbst, sondern muss erst durch teure Werbeinitiativen erzeugt werden. Der Wert des Produkts liegt dann nicht in ihm selbst, sondern in der intersubjektiven Wertzuweisung und in seinem Sozialprestige.

Es wird gerade bei Textilien immer wieder darauf hingewiesen, dass der Kunde es doch selbst in der Hand habe, ausbeuterische Arbeitsbedingungen in der Textilindustrie, sagen wir: in Bangladesch, zu vermeiden: Er sollte auf Zertifikate achten (mehr dazu in einem späteren Kapitel) und einfach nicht die billigsten Textilien kaufen.

Soviel ist sicher richtig: Wenn eine Männerunterhose bei einem „Billighändler" 4 € kostet, dürfte jeder einsehen, dass von diesem Endpreis für die Näherinnen in Asien nicht allzu viel abfällt. Bei der Nobelmarke eines deutschen Anbieters, wo ein vergleichbares Kleidungsstück fast das Zehnfache kostet, ist dies nicht so einfach möglich. Es ist anspruchsvoller geschnitten, das Gummiband breiter, die Knöpfe am Schlitz sind sympathisch schmal und lassen sich leicht mit nur einer Hand schließen. Also durchaus auch eine höhere Produktqualität.

Der Hauptgrund für den drastisch höheren Preis der Nobelunterhose liegt aber auch hier nicht in deren besserer Qualität, sondern wie bereits dargestellt darin, dass sich die teure Werbung finanzieren muss. Man kann zudem im konkret vorliegenden Fall davon ausgehen, dass sich eine höhere Material- und Verarbeitungsqualität auch in einer größeren Anzahl von Näherinnen-Arbeitsstunden niederschlagen dürfte. Ob allerdings diese Näherinnen damit auch pro Arbeitsstunde besser bezahlt werden, ist noch keineswegs ausgemacht. Ebenso wenig ist klar, ob damit den Sicherheitsstandards oder anderen Arbeitsbedingungen eher Genüge getan wird. Klar ist: Der Konkurrenzkampf um niedrige Preise und um hohe Verkaufsziffern/Umsätze ist sowohl im niedrigen als auch im hohen Preissegment vergleichbar hart. Auch der Kunde, der aus Qualitätsgründen oder wegen des Markenprestiges eine teure Unterhose kauft, ist in preislicher Hinsicht nicht unbegrenzt belastbar. Der Hersteller teurer Unterhosen sitzt zudem noch auf einem hohen Sockel an Werbekosten, sodass seine Gesamtgewinne nicht automatisch höher ausfallen als beim Billighersteller. Warum also sollte er seine Näherinnen in Bangladesch besser bezahlen?

Tatsache ist: Ob ein Textilienhersteller seine Arbeitskräfte besser oder schlechter bezahlt, oder ob er für ihre Arbeitssicherheit eintritt, kann der Kunde nicht erkennen; jedenfalls vom Preisniveau her nicht. Ein höherer Preis bedeutet noch keine besseren Arbeitskonditionen für die Näherinnen.

9

Vom Unsinn der „zertifizierten Regenwaldzerstörung": Zertifikate auf tropische Agrarprodukte

Grundsätzlich werden nahezu alle tropischen Agrarprodukte auf natürlichen Waldstandorten geerntet. Die meisten, die für den Export in Industriegesellschaften wichtig sind, wachsen zudem in den feuchten Tropen, wo von Natur aus „Tropischer Regenwald" gedeihen würde. – Man muss sich also zunächst einmal vor Augen halten, dass Landwirtschaft und Wald, zumindest in den feuchten Klimaregionen der Tropen, Flächenantagonisten sind. Wo das eine aufkommt, verschwindet das andere. Wobei zumindest seit fünf Jahrhunderten (Beginn der kolonialen Ausbreitung der Europäer über die Welt) die Tendenz ganz überwiegend nur in die eine Richtung geht: die Landwirtschaft verdrängt den Wald. Diese Entwicklung hat sich ab ca. 1970 sehr beschleunigt. Dazu tragen technische Veränderungen bei wie die Entwicklung von Bulldozer und Kettensäge, mit deren Hilfe sich die Waldrodung mindestens um den Faktor hundert effizienter durchführen lässt als mit Handsägen und mit tierischer Transportkraft. Eingebunden in den verstärkten Waldrodungs- und agraren Erschließungsprozess sind jedoch auch staatlich geförderte Landerschließungsprogramme insbesondere in Brasilien, dem flächenmäßig weltweit bedeutendsten „Regenwaldstaat". In Afrika ist dagegen v. a. die stark anwachsende Bevölkerung Hauptmotor der Regenwaldzerstörung geworden, die aufgrund einer nach wie vor „rückständigen" Wirtschaft immer noch vorwiegend in der Landwirtschaft Beschäftigung findet. In Südostasien (Malaysia, Indonesien), dem dritten Schwerpunkt der Regenwaldverbreitung, spielte und spielt vor allem der Export von Holz, Palmöl und Kautschuk nach Nordamerika, Europa und Ostasien bei der Regenwaldzerstörung die Hauptrolle.

An dieser Stelle setzen auch die Zertifizierungsvorhaben an. Wenn der Verbrauch an Kaffee, Kakao, Tee, Kautschuk, Palmöl und anderen tropischen Agrarprodukten, sehr stark auch in Europa, zum Niedergang des Regenwaldes beiträgt, liegt es doch nahe, dies vonseiten des Verbrauchers zu verhindern. Zertifikate sollen also dazu beitragen, dass über den Konsum von, sagen wir: Kaffee, kein weiterer Regenwald mehr zerstört wird.

Dieser Ansatz ist gut gemeint, er krankt aber an zumindest zwei Problemen:

Erstens werden, wie der dieses Kapitel einleitende Abschnitt aufzuzeigen versucht hat, alle genannten Agrarprodukte auf Flächen erzeugt, die ursprünglich tropischen Feuchtwald getragen haben. Wenn wir also heute Kaffee trinken oder Schokolade essen, profitieren wir in gewissem Sinne von einem vorangegangenen Regenwaldzerstörungswerk. Jeder Schluck und jeder Bissen ist historisch buchstäblich dem Regenwald abgerungen; das meiste davon in den zurückliegenden Jahrzehnten und (zumindest falls wir nicht mehr ganz jung sind) damit zu unseren Lebzeiten.

Man könnte einwenden: Gut, zerstört ist und bleibt zerstört. Das kann man auch, nach allem, was wir über die komplexe Ökologie des Tropischen Regenwaldes wissen, nicht mehr ohne weiteres reparieren. Umso wichtiger also, weitere Regenwaldzerstörungen zu verhindern, indem man Produkte aus rezenten/jungen Regenwaldrodungen boykottiert.

Die Frage aber ist, wie lange ein solcher Boykott junger Regenwaldrodungen sich durchhalten lässt. Irgendwann wird aus einer jungen Rodung eine alte Rodung. Dann wird ein Dauerboykott irgendwann einmal mehr als fragwürdig. Schließlich kommt ja, um nochmals darauf hinzuweisen, jeder Kaffee oder Kakao aus altgerodeten, ehemaligen Regenwaldflächen.

Zudem wächst bei einem Boykott frisch gerodeter Flächen auch die Tendenz, für eine Versorgung des Weltmarktes mit Kaffee und Kakao stärker altgerodete Flächen heranzuziehen und diese schwerpunktmäßig mit Kaffee-, Kakao- und Teepflanzungen zu überziehen. Dabei handelt es sich zumeist um Flächen, die zuvor der Ernährung der ansässigen Bevölkerung vorbehalten waren. Diese wird durch einen dadurch angeregten Verdrängungsprozess gezwungen, sich nach neuen Flächen umzuschauen. Dabei wird sie tendenziell in die noch unberührten Waldgebiete gehen. Der umweltbewusste Endverbraucher wird nun mit viel gutem Gewissen viel wohliger seinen Morgenkaffee schlürfen können in der Gewissheit, damit nicht zur Rodung von Regenwald beigetragen zu haben. Hat er aber doch, im Sinne der aufgezeigten Verdrängungsprozesse.

Das zweite Problem, das mit einer Zertifizierung zusammenhängt, ist die Tatsache, dass Zertifizierungslabels, vorsichtig ausgedrückt, keineswegs sicher gegenüber

Missbrauch und Fälschung sind. Persönlich bin ich bereits vor einigen Jahren in diese Richtung sensibilisiert worden durch einen Jugendfreund, der nach einem Studium der Agrarbiologie und einigen vergeblichen Versuchen, im akademischen Bereich Fuß zu fassen, in einen Gärtnereibetrieb ging und dort zeitenweise von morgens bis abends nichts anderes zu tun hatte, als auf konventionell erzeugtes Obst und Gemüse Bio-Etiketten einer bekannten Marke aufzukleben und dieses damit zwar nicht in der Qualität, aber preislich zu „veredeln".

10

Nachhaltigkeit wird beliebig

Dass uns bereits bei einfachen Subsystemen der Nach-haltigkeitsdebatte, z. B. beim Klimawandel, ein unglaub-lich komplexes System begegnet, das selbst für darauf spezialisierte Wissenschaftler nur schwer zu begreifen, das aber noch schwerer in einem Modell oder Szenario abzu-bilden ist, kann als anerkannt gelten. Neben Kohlen-dioxid und Methan kann Distickstoffoxid (N_2O) als einer der Hauptverursacher des anthropogenen Klima-wandels gelten. Man braucht nur einmal die Chemie des atmosphärischen Stickstoffs (Crutzen, 1994) zu verfolgen, um zu erkennen, dass es DAS Stickstoffoxid so nicht gibt, dass atmosphärische Stickstoffverbindungen chemisch vielfältig sind und leicht in andere übergehen, dass es in der Luftstickstoffchemie neben einer klimaerwärmenden sogar gegenläufige Tendenzen einer Abkühlung gibt, die mit ersterer verrechnet werden müssen.

Über die Wahrscheinlichkeit einer menschlich induzierten Klimaerwärmung wird man sich aber dennoch verständigen können. – Geradezu „unendlich" komplex werden „ökologische" Phänomene aber immer dann, wenn sie mit ökonomischen oder gar mit sozialen Prozessen interagieren. Das Soziale ergibt sich immerhin aus rund 8 Mrd. Individuen, die bestenfalls grob sich zu sozialen Gruppen aggregieren lassen. Hier einen Überblick über Folgen/Wirkungen erhalten zu wollen, wäre wohl ähnlich anspruchsvoll, wie generell die „Zukunft" vorhersehen zu wollen (im Grunde genommen geht es in der Nachhaltigkeitsdebatte ja auch genau darum!). Und schließlich werden im Umfeld des Sozialen auch noch Wirkungen bemüht, die dem Einzelnen noch nicht einmal als Wert oder Ziel bewusst sein müssen, wie etwa die kulturellen Wirkungen, die gelegentlich als die „vierte Säule der Nachhaltigkeit" gesehen werden. Ein Verlust von traditioneller Kultur, etwa wenn eine afrikanische Stammesbevölkerung „ihre" Kultur zunehmend im Hinblick auf Touristen präsentiert, muss den so Posierenden nicht so sehr als Problem erscheinen wie dem in Europa ansässigen Bildungsbürger. Nicht nachhaltig erscheint es aber letzterem schließlich doch. – Wie aber finden wir aus so einem Geflecht von unterschiedlichen Wertungen diejenigen heraus, die wir als begründet nachhaltig ansehen wollen?

Wenn eine Thematik quasi unendlich komplex ist, bleibt nichts anderes übrig, als diese Komplexität zu einfacheren Ursache-Wirkungszusammenhängen zu reduzieren. Diese sind oft nicht unbedingt falsch, stellen aber eine einseitige Auswahl dar. Sie machen in ihrer Einseitigkeit auch möglich, eigene Handlungsweisen zu legitimieren und ggf. diejenigen anderer zu diskreditieren. Nachhaltigkeit im Allgemeinen und im Gesamten kann es demnach gar nicht geben; es gibt immer nur Nachhaltigkeit im Detail und im Speziellen. Diese kann im jeweiligen Einzelfall aber leicht durch weitere Erkenntnisse/Argumente konterkariert werden. – In der Komplexität der Thematik, und innerhalb derer wiederum im zwangsläufigen Aufsuchen individueller Argumentationspfade, liegt das Hauptproblem, Nachhaltigkeit zu objektivieren.

11

Meist wird nur die eine Perspektive bedacht: Beispiel Kinderarbeit in der Dritten Welt

Als ich Anfang der 1980er Jahre Südindien bereiste, war Arbeit von Kindern etwa ab vier Jahren fast überall präsent. Sie zeigte sich in den Restaurants, wo Kinder zumeist die leeren Teller abräumten. Sie zeigte sich in Steinbrüchen, wo Kinder mit Hammern auf Steinblöcke einhieben, um diese zu Splitt zu zerkleinern. Kinder trugen die Koffer der Gäste in die Hotelzimmer und Kinder verkauften Waren in den vielen Straßenläden.

Als ich meine Indienreisen mehr als zwanzig Jahre später wiederaufnahm, war die Kinderarbeit zumindest als öffentlich wahrnehmbare verschwunden. Die öffentliche Meinungsbildung, die zunächst von „internationalen" (westlichen) NGOs ausging, aber auch die indischen Medien umfasste, hatte ganze Arbeit geleistet. Inwieweit hinter den Kulissen noch Kinderarbeit üblich ist, lässt sich von außen nur schwer beurteilen. Dass dies von den NGOs, die Kinderrechte in den Mittelpunkt ihrer Arbeit stellen, weiterhin behauptet wird, muss nicht unbedingt

K.-D. Hupke, *Warum Nachhaltigkeit nicht nachhaltig ist,* https://doi.org/10.1007/978-3-662-63332-8_11

als Nachweis gelten; schließlich sind diese Spenden-Sammelorganisationen mindestens auf ähnliche Weise auf die Existenz von Kinderarbeit angewiesen wie die betreffenden Arbeitgeber oder Fabrikherren. Das festgestellte Ende von Kinderarbeit müsste zur Selbstauflösung der betreffenden NGO führen, wogegen starke institutionelle Eigeninteressen sprächen. Gleichgültig, ob Kinderarbeit weiter existiert oder abgeschafft ist – ihre Existenz würde auf jeden Fall weiterhin behauptet.

Gehen wir aber einmal davon aus, dass die NGOs und die durch diese deutlich beeinflussten Massenmedien wirklich erfolgreich sind und Kinderarbeit abgeschafft würde. Was wären die Konsequenzen? Würde der Anschluss an die Kindheiten in entwickelten Industriegesellschaften gelingen? Würden die Kinder, von Erwerbstätigkeit freigestellt, nun in weiterführende Schulen wechseln? Würden sie dort Abschlüsse erreichen? Würden sie auf einen Arbeitsmarkt stoßen, der diese zusätzlichen Abschlüsse von, sagen wir, zweihundert Millionen Menschen in Indien honoriert?

Aber nein! Diese Kinder kommen ja nach wie vor aus armen Familien. Ein längerer Schulbesuch erscheint allein aus materiellen Gründen ausgeschlossen. Im Gegenteil: Da diese Familien zumeist kinderreich sind und hohe Ausgaben insbesondere für Nahrungsmittel haben, müssen diese Kinder zwangsläufig einen Beitrag zu ihrem Lebensunterhalt leisten. Womit wir wieder bei der Kinderarbeit wären. Kinderarbeit ist keineswegs als besondere Schikane zu sehen. Kinderarbeit ist vielmehr für die armen Familien und damit auch für die betroffenen Kinder eine pure Notwendigkeit. Das Verbot der Kinderarbeit schafft noch keinen Sozialstaat, der arme Familien und ihre Kinder ersatzweise unterstützen könnte. Ein Verbot auszusprechen, kostet den Staat nichts. Es durch Polizeieinsätze zu kontrollieren, kostet wenig. Ein Verbot der Kinderarbeit kostet aber die betroffenen Familien viel Geld durch den Verlust der zusätzlichen Kindereinkommen.

Kinderarbeit in der Dritten Welt resultiert aus zwei Realitäten heraus: zum einen aus der Existenz von familiärer Armut, zum anderen aus dem Kinderreichtum. In entwickelten Gesellschaften mit einer tendenziell inversen Alterspyramide tut man sich staatlich wie familiär finanziell relativ leicht, die vergleichsweise wenigen Kinder von Erwerbstätigkeit auszunehmen. Das Problem stellen hier im Gegenteil die vielen Alten dar. Während in vielen Entwicklungsländern Staatsbeamte und andere Beschäftigte oftmals wenig jenseits des vierzigsten Lebensjahres in den Ruhestand gehen, wird bei uns die Altersgrenze immer weiter nach oben gesetzt: von in den 1980er Jahren noch verbreitetem Vorruhestand von 58 oder 60 Jahren auf 65 Jahre und schließlich auf 68 Jahre; 70 Jahre sind bereits in Diskussion. Man könnte sagen: jenseits jeder Humanität. Diese Inhumanität der späten Verrentung gilt insbesondere für die Angehörigen handwerklicher Berufe. Man stelle sich einen Dachdecker vor, der noch am Ende seines siebten Lebensjahrzehnts im Gebälk herumklettert. Oder einen Fliesenleger, der noch im hohen Alter ganztägig kniend arbeitet. Und selbst in den zunehmenden Dienstleistungsberufen kommen die Beschäftigten im hohen Alter mit der geforderten Flexibilität etwa beim Erlernen neuer Software-Anwendungen immer weniger zurecht. – Aber schließlich unterliegt die Gesellschaft ja auch Sachzwängen: Der Anteil der Alten wird eben immer höher; daher also die an sich inhumane Anhebung von Altersgrenzen. Keine Gesellschaft kann es sich leisten, die Mehrheit der Bevölkerung vom Erwerbsleben zu suspendieren. Nur trifft es bei uns eben die Alten, in Entwicklungsländern die Jungen. Human ist beides nicht.

Wir müssen uns vor Augen halten, dass die pauschale Abschaffung von Kinderarbeit unter Umständen noch viel inhumaner ist als die Beibehaltung derselben.

Das Beispiel zeigt deutlich, dass wir geneigt sind, Probleme und Schieflagen monokausal zu verstehen, und daraus einfache Lösungsansätze ableiten. Und dass dadurch häufig eine Verschlimmbesserung erreicht wird. Wobei die Folgewirkungen prinzipiell derartig komplex sind, dass es überhaupt schwerfällt, zu einer wertenden Gesamtfolgenabschätzung zu gelangen; zumal regelmäßig „ökologische" „Äpfel" mit ökonomischen „Birnen" und sozialen „Tomaten" verglichen werden, also allein bereits die Umrechnungseinheiten wertmäßig inkompatibel erscheinen.

Komplexe soziale Problemlagen wie Eigentumskriminalität, Drogenhandel und Prostitution lassen sich genauso wenig durch Kontrollen, kriminaltechnische Ermittlungen und sonstige Einzelmaßnahmen lösen wie die dargestellte Kinderarbeit. Dass jeweils jemand bestohlen wird, dass jemand seine Gesundheit ruiniert oder seinen Körper vermietet, wird zumeist als reine Negativwirkung empfunden ohne auch nur den Versuch zu machen, etwaige positive Wirkungen gegen-zu-denken oder echte Alternativen zu thematisieren, die über reine Verbotskataloge hinausgehen.

Natürlich bedeutet das nicht, dass man sich keine Gedanken zu sozialen Schieflagen machen sollte. Aber man sollte erkennen, dass bereits die Wahrnehmung einer solchen perspektivisch ist. Soziale Probleme existieren nicht so ohne weiteres in der Realität wie bspw. Häuser oder Autos existieren. Wenn man sie dennoch angehen will, muss man sich auf unzählige schwer oder gar nicht vorhersehbare Wechselwirkungen einstellen; viele davon sind ausgesprochen kontraproduktiv. Viele dieser Wirkungen werden in einem nicht auflösbaren

Konkurrenzverhältnis zueinander stehen. Das heißt: Wir können nicht alles gleichzeitig erreichen. – Genau dieses ist aber die Verheißung der Nachhaltigkeitsdebatte: dass alles sich regeln und ins Positive auflösen lässt; in einen Zustand hinein, der nur eine Bezeichnung verdient: nachhaltig.

12

Diejenige Perspektive, die sich am meisten Wirksamkeit verschafft, ist die politökonomische

Ökonomische Aspekte bestimmen unseren Bildungsweg, unsere Berufswahl, unsere Partnerwahl und unseren Freundeskreis. Sicherlich nicht zu hundert Prozent, aber zu einem hohen Grad. Sie bestimmen unseren Stellenwert in der Gesellschaft und unsere Selbstsicht. Sie bestimmen unseren Lebensalltag, indem wir uns einem zumeist ungeliebten Ganztagsjob zuwenden. Ökonomische Aspekte steuern aber auch unser Freizeit-, und hier insbesondere: unser Einkaufsverhalten.

Die Ökonomie, also der Gelderwerb, das Ausgeben oder die Einsparung von Geld, prägen aber auch das Handeln von Institutionen, von Firmen und von Staaten. „Wirtschaftliche Zusammenarbeit", wie die frühere „Entwicklungshilfe" heute benannt wird, bedeutet keineswegs „Geldgeschenke" an die armen Gesellschaften dieser Welt. Verbunden mit Hilfe sind so gut wie stets exklusive Verträge mit Unternehmen des geldgebenden Landes. In vieler Hinsicht kann man, zumindest nach dem Ende des

K.-D. Hupke, *Warum Nachhaltigkeit nicht nachhaltig ist,* https://doi.org/10.1007/978-3-662-63332-8_12

Kalten Krieges, Entwicklungshilfe als ein Instrument der Exportförderung sehen.

Ökonomische Aspekte steuern aber auch die heutigen Kriege. Assad mag ein übler Gewaltherrscher sein (religiöse Minderheiten Syriens wie Alawiten, Aramäische Christen, Drusen, Schiiten sehen dies überwiegend anders, da Assad als einzige maßgebliche Bürgerkriegspartei die Religionsfreiheit sichert). Aber wenn die westliche Allianz schon eine Gewaltherrschaft sucht, die sie stürzen könnte, würde sie auch bei dem mit ihr verbündeten Saudi-Arabien fündig werden. Der Grund für die Unterstützung des Westens (wie übrigens auch Saudi-Arabiens) für die Gegner Assads ist vermutlich ein ganz anderer. Assad verweigerte sich bereits vor vielen Jahren dem westlichen Ansinnen, eine Erdgaspipeline von Kuwait über Saudi-Arabien, Jordanien und schließlich über die Türkei, im Mittelstück über syrisches Territorium, nach Europa zu führen. Eine Trassenführung weiter östlich über das Territorium des Irak schied und scheidet wegen der dortigen (Bürger-)Kriegssituation aus; die Gefahr von Anschlägen auf die Pipeline wäre zu hoch gewesen.

Es mag wie gesagt sein, dass Assad ein übler Machthaber war und ist. Allein deshalb würde er allerdings aus westlicher Sicht nicht als Regierungschef abtreten müssen. Er musste und muss aus westlicher Sicht gehen, weil er eine Großpipeline zur Versorgung Europas mit Erdgas verhindert hat und immer noch verhindert. Diese Pipeline hätte Europa von Erdgas aus Russland (nicht zufällig Assads wichtigster außenpolitischer und militärischer Verbündeter) unabhängiger gemacht. Gerade auch diese enge Anlehnung seit Generationen an Russland (vorher: Sowjetunion) ist ein Hauptgrund für die Gegnerschaft des Westens.

Allerdings lässt sich allein mit wirtschaftlichen und politischen Interessen in der Öffentlichkeit nur schlecht argumentieren. Mit Menschenrechtsverletzungen dagegen schon.

13

Die Zukunft des gesellschaftlichen Konsum-Modells

Das Konsummodell hat vielfach ausgedient; etwa für alternde Professoren, die über ein überdurchschnittliches Einkommen verfügen, und darüber hinaus über ein soziales Einkommenssubstitut in Form von Sozialprestige, das über den akademischen Titel begründet ist. Was sollte so einer auch mit einem großen BMW noch dazugewinnen? – Das Konsummodell ist und bleibt aber im Gegensatz dazu attraktiv für die „Zu-kurz-gekommenen" und für die „Zu-spät-gekommenen": generell für junge Leute, für Frauen, für Menschen aus ärmeren Gesellschaften und auch für die unteren bis mittleren Einkommensschichten der Industriegesellschaften. Für diese veritable Neun-Zehntel-Gesellschaft ist und bleibt der Konsum ein äußerst attraktives Modell hin zu Teilhabe, zu Erwachsen werden, zur Emanzipation und zum Anerkannt sein.

Selbstverständlich gilt die oft zitierte und auch empirisch nachweisbare Tendenz, dass das individuelle

© Der/die Autor(en), exklusiv lizenziert durch Springer-Verlag GmbH, DE, ein Teil von Springer Nature 2021
K.-D. Hupke, *Warum Nachhaltigkeit nicht nachhaltig ist,*
https://doi.org/10.1007/978-3-662-63332-8_13

Glücksempfinden über eine gewisse Einkommensschwelle hinaus kaum mehr weiter steigerbar ist. Aber
diese Einkommensschwelle als Glücksuntergrenze ist
keineswegs fix. Sie liegt, nach allem was wir wissen,
mindestens 50 % oberhalb des exakten Durchschnittseinkommens (Diskussion des Zusammenhangs zwischen
Einkommen und Glück/Zufriedenheit: Kasser & Ryan,
1993; Easterlin, 2001; Hagerty & Veenhoven, 2003).
Das heißt: sie ist eine soziale Abstandsgrenze. Menschen
fühlen sich tendenziell materiell gesättigt, wenn sie deutlich mehr verdienen als der Durchschnitt bzw. als in ihrer
Umgebung üblich. Damit kommt, je nach Einkommensgefälle, dieses Gefühl ohnehin nur für, sagen wir, 25 %
der Mitglieder einer Gesellschaft in Frage. In dem Maße,
wie die anderen Mitglieder aufholen und das eigene Einkommen sich dem rechnerischen Durchschnitt nähert,
wächst das Unbehagen, steigt das subjektive Gefühl eines
Mangels und sinkt damit das Glücksempfinden. Die
Menschen werden im Allgemeinen nicht glücklich, weil
sie bestimmte Bedürfnisse befriedigen können; sie werden
glücklich, wenn sie erkennen, dass ihnen dieses besser
gelingt als dem Durchschnitt ihrer Umgebung. Unser
Verhältnis zu Armut und Reichtum ist, zumindest sofern
die Grundbedürfnisse des Überlebens gedeckt sind, sozial
und nicht existentiell angelegt. Materielle Bedürfnisbefriedigung ist fast stets auf soziale Prestigebedürfnisse
hin ausgerichtet, weniger auf unmittelbare existenzielle
Bedürfnisse, wie man etwa beim Autokauf oder beim
Kauf von Kleidern erkennen kann. Ersterer dient in entwickelten Gesellschaften zum geringsten der bloßen
Mobilität; letzterer fast überhaupt nicht dazu, seine Blöße
zu bedecken.

Privater Konsum ist aus diesem Grunde auch unendlich steigerbar, völlig ohne „logische" oder pragmatische
Grenze. Das Modell der Bedürfnisdeckung mag zur

Berechnung staatlich verordneter Sozialhilfe taugen; als Maßstab zur Deckung des Breitenkonsums dagegen geht es fehl.

Man könnte in diesem Zusammenhang auch auf die Erziehung des Menschen setzen, am besten angefangen gleich im Kindesalter. Von allen gut gemeinten Erziehungsidealen hin zu einem „besseren" Menschen weiß man aber, dass sich die Gesellschaft gegenüber (neuen) Erziehungsidealen fast stets als äußerst träge erwiesen hat. Dies hängt auch damit zusammen, dass von der imaginierten Mitte ausgehend jedes Abweichen vorhersagbar einen Gegentrend auslösen wird, wieder zur Mitte zurück und ggf. in die Gegenrichtung kurzfristig „überschießend". Oder, ein wenig flapsig an einem Beispiel aus der hier ebenfalls betroffenen Kleidermode ausgedrückt: Wenn die Röcke besonders kurz sind, ist das die größte Wahrscheinlichkeit, dass sie bald wieder ziemlich lang werden. Zu Anfang der 1970er Jahre konnte man das gut beobachten.

Postwachstumsökonomische Entwürfe erinnern darüber hinaus fatal an „alternatives Wirtschaften", wie es einen Teil des Zeitgeistes in den 1980er Jahren prägte; nicht unsympathisch mit selbstgehäkelten Pullovern, mit selbst angebautem Gemüse und anderen Formen der Subsistenz. Eine Modeströmung, die von außen (Eltern, Omis, Sozialversicherung) subventioniert wurde und schon bald an mangelndem wirtschaftlichen Erfolg und an der Langeweile einer Welt ohne werbegestützte Waren-Ästhetik gescheitert ist. – Auch am Beispiel dieser „Alternativen" kann man das Pendeln zeitgenössischer Trends um eine (zunächst theoretisch imaginierte) Mitte deutlich erkennen.

Man muss nur die wirtschaftliche und soziale Dynamik der Newcomer in der Welt-Konsumgesellschaft insbesondere in den jungen Industriegesellschaften Asiens erlebt haben, in welchen ein Breiten-Konsumniveau nach westlichem Muster erst im Entstehen ist, man muss das Leuchten in den Augen der jungen Frauen gesehen haben, die voll bepackt mit Einkaufstüten aus den neu entstandenen Shopping Malls quellen, um zu begreifen, dass eine Nachhaltigkeitspädagogik, die auf Verzicht baut, gegenüber der geballten Konsumrhetorik der Werbewirtschaft keine Chance hat.

14

Die Macht der wirtschaftlichen Akteure

Bei der Gegenüberstellung (s. Tab. 14.1) fällt auf, dass es neben Gegensätzen in den Nachhaltigkeitskonzepten (s. a. Kommentar unter Tab. 14.1) auch gemeinsame Schnittmengen zwischen den in der Darstellung zunächst getrennten Sphären von „Ökologie", Ökonomie und Sozialem gibt.

Solche Schnittmengen liegen zwischen „Ökologie" und Ökonomie in der Ressourcensicherung, die zum einen den Naturraum bewahren soll, insbesondere im Hinblick auf die Geosphären Boden, Luft und Wasser, welche aber auch in vieler Hinsicht wirtschaftliche Produktionsvoraussetzungen sind. Ebenso schließt eine vernünftig verstandene Ökonomie auch die wirtschaftliche Wohlfahrt jedes Einzelnen (soziale Säule) mit ein und errechnet ihren Fortschritt nicht bloß am Gesamt-BIP. Ebenso dürfte unbestritten sein, dass eine auch in Zukunft wachsende (oder auch nur: bestanderhaltende) Volkswirtschaft notwendig Kinder braucht; auch wenn deren bloße Existenz

Tab. 14.1 Die drei „Säulen" der Nachhaltigkeit und ihre Kriterien

Die „Säulen" der Nachhaltigkeit:	„Ökologie"	Ökonomie	Soziales
Kriterien für Nachhaltigkeit:	Biodiversität (v. a. Vielfalt von Arten und Ökosystemen), Ökologische Funktionen wie Schutz von Böden, Gewässern und Atmosphäre; *Schutz von natürlichen Ressourcen, Tierschutz, Schutz der Gesundheit*	Wirtschaftsleistung (monetär), Entwicklung von Umsatz und Gewinnen, ausgeglichene Zahlungsbilanz, *Deckung materieller Bedürfnisse der Gesellschaft, Reichdauer der Ressourcen*	*Deckung der materiellen, sozialen und ideellen Bedürfnisse ALLER,* sozialer Ausgleich, Sicherheit, Teilhabe, Chancengleichheit, *ausreichende Zahl von Arbeitsplätzen,* bestandssichernde Reproduktion (ca. 2 Kinder pro Elternpaar), Frieden, Bildung, kulturelle und soziale Vielfalt, Demokratie, Freiheit und Menschenrechte (letztere drei aus westl. Sicht formuliert), *Gesundheit,* Glück/Zufriedenheit; individuelle, soziale und kulturelle Identität

Die Darstellung geht vom „klassischen" Drei-Säulen-Modell aus. Eine „kulturelle" Säule kann man auch, in der Tab. als „kulturelle Identität", in das Soziale integrieren. Die Annahme einer weiteren Säule „Technik" scheint ebenfalls unangemessen im Sinne des sehr instrumentell ausgerichteten Inhalts/Begriffs; es gibt keine eigene Existenzberechtigung von Technik; ein Elektrischer Rollstuhl etwa wird für den Nutzer „soziale Teilhabe" bedeuten, für den Produzenten desselben dagegen Umsatz und Gewinn. – Inhaltsbereiche, die explizit mehr als einer „Säule" zuzurechnen sind, wurden *kursiv* gesetzt. – Die Auflistung unter „Soziales" ist wohl nicht ganz zufällig am längsten, da hier sehr heterogene, z. T. auch gegensätzliche Ansprüche formuliert werden, die stark unter kultur-, zeitepochenund gruppenspezifischer Konzeptrelativität stehen; so findet etwa ein „materieller Ausgleich" innerhalb der Gesellschaft als Forderung der „Armen" wohl kaum den Zuspruch im wirtschaftsliberalistischen Lager (Einschränkung von „Freiheit"). – (Eigene Darstellung) wie die Kosten ihrer Erziehung im allgemeinen weniger als Problem der Gesamtgesellschaft gesehen, sondern dem Idealismus der Eltern aufgebürdet werden.

Diese integrativen Elemente zwischen den „Säulen" der Nachhaltigkeit stellen ein starkes Argument dar zugunsten eines „sustainable development". Dumm ist nur, dass politische und soziale Weichenstellungen fast stets im engeren Verständnis von „Ökonomie" gesteuert werden: Es geht (fast) stets um das Wachstum des BIP, um Börsenkurse und um Umsätze und Gewinne. – Wo dieses Wachstum sich jeweils niederschlägt, ist jedoch keineswegs „gleichgültig": Die wirtschaftlichen Akteure sind Unternehmer und andere Investoren, sowie deren Lobbyisten und Pressure Groups. Auch die Medien, welche sich doch an eine breite Allgemeinheit wenden sollten, beklagen bislang überlaut den „Mangel" an Lehrstellenbewerbern; so als ob der durchschnittliche Leser mittleren Alters mit zwei halbwüchsigen Kindern an „Lehrstellenbewerbern" und nicht vielmehr an Lehrstellen interessiert wäre. Verräterisch ist bereits die Sprache der Medien: Kein intelligenter Außerirdischer, der in Unkenntnis dieser beiden Vokabeln perfekt Deutsch spricht, würde so automatisch einen Unternehmer als „Arbeitgeber" ansehen; schließlich gibt der „Arbeitnehmer" ja täglich seine Arbeitskraft an den Betrieb und ist damit der eigentliche „Arbeitgeber". Unternehmer sollten eher „Arbeitsplatzgeber" heißen. Man könnte derartige Benennungen als nichtssagend abtun, wenn diese Vokabeln nicht mit einer bereits begrifflichen Hochbewertung des „ArbeitGEBERs" einhergingen, die den anderen zum bloßen „Nehmer" macht (das ist ein Bettler auch). Dem Einzelnen werden diese Begriffe durch ihre massenhafte mediale Verbreitung quasi zur eigenen Artikulation aufgezwungen (wer etwa die Begriffe Arbeitnehmer und Arbeitgeber vom Sinn her umdrehen würde, würde einfach nicht mehr verstanden werden).

Steuernde Akteure in diesem Wertzuweisungsprozess sind neben den Vertretern der „Wirtschaft" (eigentlich wären „Arbeitnehmer" dies ja auch) wie bereits genannt die Massenmedien. Eine Tageszeitung kostet kaum mehr als zwei Euro. Das kann nur den geringeren Teil der Herstellungs- und Distributionskosten decken. Viele Zeitungen könnten auch völlig ohne Abonnementskosten verteilt werden, da sie weit überwiegend über Werbeeinnahmen finanziert sind. Die Kosten eines Abos (oder der Einzelzeitung am Kiosk) stellen nur eine Art Schutzgebühr dar, damit niemand einen kostenlosen Riesenstapel an Zeitungen holt und diesen als Altpapier an ein Recyclingunternehmen verkauft oder damit sein Kaminfeuer anfacht. Beides wäre aber nicht im Sinne der Inserenten.

Die Abhängigkeit von den Werbeeinnahmen prägt das Meinungsbild der Medien. So kann man durchaus in der größten Stuttgarter Tageszeitung sehr kritische Artikel zu Autoritäten der Zeit finden, wie den Papst, den Bundespräsidenten oder auch den US-Präsidenten; oft durchaus auch polemisch geprägt. Auch der VfB Stuttgart, an dem doch so viele der Zeitungsleser hängen, wird immer wieder an den Pranger gestellt. Das tut durchaus auch vielen Lesern weh, die sich als geradlinige Katholiken verstehen oder an dem lokalen Fussballclub hängen; dies schreckt die Redaktion aber offensichtlich nicht. – Was man allerdings niemals finden wird, ist eine vergleichbar kritisch distanzierte Sicht auf die großen Unternehmen der Stadt, insbesondere auf die Daimler AG, die Porsche AG und die Bosch GmbH. Da aber nicht nur Autobauer und Autozulieferer Werbeanzeigen schalten, erklären auch darüber hinaus die Abhängigkeiten von den Werbekunden Nachrichten als solche, etwa fortwährende „wissenschaftliche" Erkenntnisse, dass Schokolade gesund, glücklich, intelligent und schlank (!) macht und regelmäßiges Weintrinken die Lebenswartung erhöht.

Hier endet die vielgelobte Meinungsfreiheit der Journalisten. Es sind keine ökologischen Grenzen, die hier gezogen sind, auch keine sozialen. Es sind einfach ökonomisch-monetäre.

Abb. 14.1 legt in der Darstellung eines Wedding-Cakes die ökologische Nachhaltigkeit, hier aufgezeigt an den *Sustainable Development Goals* (SDGs) der Vereinten Nationen, als allumfassenden Rahmen dar, in welchen zunächst die Gesellschaft/Soziales eingebettet ist, darin wiederum die Wirtschaft. Bereits Arnold Gehlen (1969) hat moniert, dass gruppenspezifische Detail-Interessen durchsetzungsfähiger sind als allgemeine Interessen, in heutige Beispiele übersetzt etwa an sauberer Luft oder an einem stabilen Klima. Betrachtet man die konkreten Durchsetzungsmöglichkeiten, fällt auf, dass die Einschachtelung

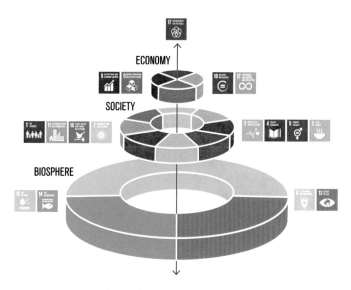

Abb. 14.1 Pyramide/Wedding-Cake der Nachhaltigkeit am Beispiel der Sustainable Development Goals (SDGs) der Vereinten Nationen. (Quelle: Azote for Stockholm Resilience Centre, Stockholm University)

(oder die Pyramide) genau auf den Kopf gestellt ist. Am durchsetzungsfähigsten scheinen die wirtschaftlichen Interessen mit entsprechendem Lobbyismus, mit dem direkten Draht zu Politik und Medien und mit dem Arbeitsmarkt als Argumentationsstrang. In zweiter Hinsicht können sich am ehesten noch die sozialen Interessen gesamtgesellschaftlich behaupten, auch wiederum als Partikularinteressen, die von Gewerkschaften und Sozialverbänden, bis zu einem gewissen Grad auch von Parteien vertreten werden. Die eigentlich jeden betreffenden Interessen der ökologischen Umwelt haben am wenigsten direkte Durchsetzungskraft; auch wenn Umweltschutzverbände in diese Richtung wirken und durchaus in den vergangenen Jahrzehnten an Bedeutung gewonnen haben. Diese relative Machtlosigkeit von Interessen der ökologischen Umwelt hängt auch am Rechtssystem. Klage führen kann man in der Regel nur, wenn man „im Vergleich mit anderen" benachteiligt wurde. Ein Nachteil, der unter gleichen Umständen für alle gleich wirksam ist, wie der Zwang, Steuern zu zahlen, wird juristisch wohl kaum als aussichtsreicher Grund für eine juristische Klage gelten können – es sei denn, man ist innerhalb dieser „Pflicht" wiederum im Vergleich mit vergleichbaren anderen besonders benachteiligt. – Da aber Umweltschäden doch nahezu alle mehr oder weniger gleichmäßig betreffen, sind diese ein schwacher Klagegrund. Immerhin hat die seit vielen Jahren mögliche, aber immer wieder umstrittene und gefährdete Verbandsklage hier einen Schritt entgegengewirkt; ähnlich auch die Verankerung des Umweltschutzes im Grundgesetz.

15

Zur Frage der Realisierbarkeit einer „Postwachstumsökonomie"

In der Stuttgarter Zeitung vom 20. März 2016 findet sich ein hochinteressantes Interview mit Hans Christoph Binswanger, der an der Hochschule St. Gallen Wirtschaftswissenschaften gelehrt hat und u. a. Doktorvater von Josef Ackermann (Ex-Vorstandschef Deutsche Bank) war. Dabei ist zum einen erstaunlich, dass dieser Mann 87 war und inhaltlich immer noch mehr zu sagen hat als fast alle Kollegen, die noch im aktiven Dienst sind. Da muss ein Zusammenhang bestehen zwischen Wahrhaftigkeit und Pensioniertheit.

Unter anderem räumt er auf mit der Legende, dass Wirtschaftswachstum (was immer das auch genau sein mag; auf jeden Fall das Überlebenselexier der kapitalistisch-marktwirtschaftlichen Gesellschaft) auch möglich sei ohne stetiges Wachstum des Rohstoff- und Energieverbrauchs. Theoretiker und Gläubige hatten ja so etwas schon vor Jahren formuliert: Eine Entkoppelung des Wirtschaftswachstums vom Rohstoffverbrauch. Fragt

K.-D. Hupke, *Warum Nachhaltigkeit nicht nachhaltig ist*, https://doi.org/10.1007/978-3-662-63332-8_15

sich halt, was dann noch wächst. Geldumlaufmengen, ja, die können unbegrenzt wachsen: die EZB macht es ja im Moment vor. Als Folge steigen die Preise für Aktien, Immobilien und Bodenpreise v. a. in bevorzugten Lagen, Edelmetalle, Antiquitäten etc. – Vielfach wird das bei Wirtschaftskommentatoren durchaus als Fehlentwicklung gesehen und dabei von einer möglichen „Spekulationsblase" ausgegangen. Dabei handelt es sich um nichts anderes als das, was immer passiert, wenn die Geldmenge stärker als der Warenumlauf wächst: um Inflation. Alltägliche Gebrauchsgüter für die Massen, wie etwa Tomaten, Kartoffeln, Bücher o. ä. sind dabei vorerst ausgenommen, weil hier ein Preisanstieg bei moderat verbliebenen Löhnen zu einem drastischen Nachfragerückgang führen müsste, was wiederum die Preise drückt. Außerdem werden Produkte des Massenbedarfs zu nahezu konstant verbliebenen Löhnen und damit zu konstanten Kosten hergestellt und unterliegen bereits von daher, anders als die drastisch sich vermehrenden Einnahmen aus Kapital und Vermögen, keinem besonderen Inflationsdruck.

Die folgenden Aussagen von H.C. Binswanger könnten auch wörtlich so vom *Club of Rome* nahezu ein halbes Jahrhundert früher stammen:

„Solange die Produktion wächst, kann auch die Geldmenge wachsen, aber wenn sie stagniert – etwa weil wir zunehmend an ökonomische Grenzen stoßen -, geht die Rechnung nicht mehr auf. Das Problem ist, dass wir immer mehr Energie und Rohstoffe brauchen, um das hohe Wachstumstempo zu halten. Das kann nicht ewig so weitergehen, weil die Ressourcen unseres Planeten begrenzt sind." (Interview mit Hans-Christoph Binswanger, Stuttgarter Zeitung v. 20.03.2016)

Das Problem ist nur: Bislang gibt es kein bekanntes Beispiel für eine Gesellschaft, wir mögen sie kapitalistisch oder marktwirtschaftlich nennen, in der das Wirtschaftswachstum bei Vollbeschäftigung und sozialer Wohlfahrt auf Dauer gestoppt ist. Dies liegt vor allem daran, dass die Produzenten im Rahmen des Systems gezwungen sind, durch technische Innovation ihre Effizienz zu steigern und sich gegenüber der Konkurrenz einen Kostenvorteil zu verschaffen. In einem stagnierenden und damit gesättigten Markt müsste dies bedeuten, dass ein Unternehmen nach dem anderen als Folge von Überproduktion aufgeben müsste mit entsprechenden Folgen für den Arbeitsmarkt und für die soziale (Un-)Gleichheit.

Für die seit Beginn der Industrialisierung im 18. Jahrhundert andauernde Effizienzsteigerung der Produktion kann es nur eine Lösung geben: den wachsenden Markt. Dass die alten Industriegesellschaften mit der Zeit immer langsamer wuchsen, konnte bislang unter anderem dadurch kompensiert werden, dass dafür andere Gesellschaften eines zunehmend globaleren Gesamtsystems, dies kompensierend, immer stärker wuchsen. Zur Zeit findet die Hauptentwicklung auf den asiatischen und auf den lateinamerikanischen Märkten statt. Afrika wird folgen. Das in den entwickelten Gesellschaften übermäßig vorhandene Investivkapital folgt den Wachstumsregionen und erwirtschaftet dadurch eine erhöhte Rendite, die großenteils wieder in den Wirtschaftsprozess investiert wird und damit weiteres Wachstum erzeugt.

Die grundsätzliche Problematik dieses geforderten endlosen Wachstumsprozesses ist bekannt. Eine neue Wirtschaftsordnung wird aber weder durch Einsicht der Marktteilnehmer noch durch politische Wahlen zu erreichen sein. Die „Sachzwänge" des ökonomisch-politischen Systems sind größer, wobei die steuernde Größe, über die oben aufgezeigte Wirksamkeit, die

Ökonomie, weniger die Politik, darstellt. Die politische und ökonomische Revolution will aber kaum einer der Vertreter von Nachhaltigkeit. Sie hätte zunächst einen wirtschaftlichen Absturz, vermutlich auch kriegerische oder zumindest bürgerkriegsartige Unruhen zur Folge. Wie auch das Beispiel des real existierenden Sozialismus zeigte, und da muss man wohl Leo Trotzki Recht geben, kann diese auch nicht in nur einem Land erfolgreich sein. Dazu ist die Konkurrenz der übrigen kapitalistischen/marktwirtschaftlichen Länder oder Gesellschaften einfach zu groß, die zudem noch über Werbung und Medien im ebenfalls oben aufgezeigten Sinne das Meinungsgeschehen stärker steuern, als es den wie auch immer gearteten Vertretern des Nachhaltigkeitsgedankens jemals möglich sein würde. Keine Frage: Eine konsequente Umsetzung des Nachhaltigkeitsansatzes erfordert die Weltrevolution. Die wird auf jeden Fall riskant und teuer, für viele wohl auch: tödlich. Es ist das Problem fast aller Nachhaltigkeitstheoretiker, dass sie dies nicht erkennen und damit in der Argumentation auf halbem Wege stehen bleiben.

Ohne die Erwartung einer Kaufkraftsteigerung des investierten Betrages („Gewinn") würde es auch keine Unternehmer geben. Diese innerhalb des Systems notwendigen Gewinne (andernfalls würde niemand sein Geld investieren) führen aber zu einer zunehmenden finanziellen Ungleichheit innerhalb und zwischen den Gesellschaften. Dies wird durchaus bemerkt und wird im Allgemeinen dadurch kompensiert, dass auch die Kaufkraft von Arbeitnehmergehältern (davon abgeleitet selbst noch von Sozialhilfeempfängern und Rentnern), damit generell auch der „Armen" bzw. Nichtkapitalbesitzenden einschließlich der sog. Dritten Welt, begrenzt wächst. Die (Welt-)Gesellschaft insgesamt löst ihre Verteilungsprobleme durch Wachstum.

Man kann, ja man muss bei klarer Beobachtung geradezu an die unbedingte Wirksamkeit von Geld und von Macht glauben (beides sind ohnehin in entwickelten bürgerlichen Gesellschaften unterschiedliche Metaphern für das nahezu gleiche). – An was man auf keinen Fall glauben sollte und was wohl noch nie eine Gesellschaft fundamental geändert hat: an die Wirksamkeit kollektiver Einsicht.

16

Alternativen nachhaltigen ökonomischen Verhaltens für den Einzelnen: „Untätigkeit" und „Destruktion"?

Das Konsummodell hat ausgedient. So liest man es nicht nur bei Nico Paech (2012), sondern bei den Autoren der Nachhaltigkeit im Allgemeinen. Gehen wir einmal aus vom zunehmend gesellschaftsbestimmenden akademischen Durchschnittsverdienerhaushalt mit eineinhalb Berufstätigen und rechnerischen eineinhalb Kindern. Dieser gibt sein Einkommen bislang größtenteils für Wohnen, Essen, Körperpflege, Mobilität und Freizeit aus, also für den „Konsum". Vieles davon dient zwar der Bequemlichkeit und dem guten Leben ebenso wie der sozialen Geltung, wäre aber nicht unbedingt erforderlich. Verzichten wir also auf einen Teil des Konsums, der bei den Nachhaltigkeitsbefürwortern so verbreitet in die Kritik geraten ist. Mit dem damit gesparten Geld muss nun etwas anderes angefangen werden:

© Der/die Autor(en), exklusiv lizenziert durch Springer-Verlag GmbH, DE, ein Teil von Springer Nature 2021
K.-D. Hupke, *Warum Nachhaltigkeit nicht nachhaltig ist,*
https://doi.org/10.1007/978-3-662-63332-8_16

Denkmodell I: Wir sparen für die Zukunft.

Im Sinne der demografischen Ungleichgewichte und der seit der Regierung Schröder in Deutschland zukünftigen Generationen verordneten Altersversorgungseinbußen erscheint dies mehr als sinnvoll, oder sagen wir gleich: nachhaltig. Um einen echten Verzicht von Konsum handelt es sich dabei freilich nicht, sondern nur um einen zeitlich aufgeschobenen. Dies gilt auch für den Fall, dass damit die spätere Ausbildung der Kinder angespart wird. Das angesparte Geld wird in Zukunft so oder so dem Konsum zufließen. Oder es bleibt Kapital, das sich zumindest im Kaufkraftwert erhält, im Rahmen des Systems aber eher „vermehrt", d. h. für die Zukunft noch mehr Kaufkraftparitäten schafft.

Denkmodell II: Wir geben das Geld den Armen.

Im sozialen Sinne einer gewissen Umverteilung von der eher globalen Mitte nach ganz unten wäre dies sicher „nachhaltig". Ob ein solcher Geldfluss allerdings auf Dauer Armen helfen würde, betrachtet man etwa die fundamentale Kritik an der „Entwicklungshilfe" (etwa: Erler, 2012), erscheint durchaus fraglich, da das reine „Verschenken" von Geld neue Abhängigkeiten schafft und die Beschenkten nicht unbedingt zur Selbsthilfe anregt. Auf jeden Fall wird durch Verschenken das Geld dem Konsum nicht entzogen, sondern der Konsum wird auf andere Personen verlagert.

Denkmodell III: Wir lassen uns das durch Konsumverzicht gesparte Geld von der Bank in Form von Geldscheinen auszahlen und verbrennen diese einfach: Dann ist das Geld weg und kann auch keinen Wachstumsschaden mehr anrichten.

Auch dieser Weg ist vielleicht gut gemeint, aber doch falsch gedacht. Wie wir wissen, lässt sich durch eine reine Geldvermehrung kein Wachstum erzielen, weil im gleichen Maße der Wert des umlaufenden Gelds abnimmt. Bei einer Entnahme von Geld aus dem Umlauf ist es ganz vergleichbar, nur umgekehrt. Die reine Vernichtung von Geld erhöht den umlaufenden Warenwert im Verhältnis zur umlaufenden Geldmenge. Das bedeutet, dass unser Geldscheineverbrennen zwar uns Konsummöglichkeiten nimmt, die stattdessen aber dem durchschnittlichen Marktteilnehmer zu der Möglichkeit eines Mehrkonsums verhelfen. Beide Kaufkraftvolumina entsprechen einander völlig. Eine Möglichkeit, den generellen Konsum einer Gesellschaft zu reduzieren, ist Geldscheinverbrennen also nicht.

Denkmodell IV: Wir geben das Geld dann doch aus: aber ökologisch!

Lassen wir das durch Konsumverzicht gesparte Geld unserer akademischen Durchschnittsfamilie also doch einfach in Projekte fließen, die einen ökologischen Mehrwert versprechen, also eine Wärmedämmung der Wohnung, in Windkraftanlagen oder in Bio-Food.

Einige dieser ökologischen Aufwertungsmaßnahmen erscheinen tatsächlich sinnvoll. Dies gilt zumindest, wenn man sie isoliert betrachtet. Allerdings stellen sie auch einen Teil unseres „Konsums" dar und erzeugen die damit verbundenen Negativeffekte. Wärmedämmung erzeugt enorme Müllmengen organischer Materialien („Kunststoffe"), welche, glaubt man seinen eigenen Beobachtungen und dem Augenschein, doch eher nach einigen Jahren als nach Jahrzehnten nicht nur die Mülldeponien anreichern, sondern auch weitgehend aus fossilien Energieträgern (Erdöl) synthetisiert werden und damit die CO_2-Bilanz belasten; ein Effekt, der dem bei der Heizung gesparten Kohlendioxidverbrauch gegengerechnet werden müsste, was im allgemeinen entweder völlig unterbleibt oder doch auf den Versprechungen der Hersteller über die noch keinem Praxistest unterzogene Haltbarkeitsdauer der Wärmedämmungsmaterialien beruht.

In ähnlicher Weise müssen auch bei Fotovoltaikanlagen und Windkraftwerken stets Gegenrechnungen zugesellt werden, welche gegenläufige Umwelteffekte mit einbeziehen. Dies gilt nicht nur für Rotmilane und Schweinswale, die darunter leiden könnten, sondern auch für die Energie- und Kohlendioxidrelationen. Im Allgemeine gilt: Auch „Konsum“, der scheinbar der Umwelt unmittelbar zugutekommt, erfordert einen Anteil an Energien und Materialien, was nicht zuletzt auch den Preis/die Kosten der Investition ausmacht.

„Ökologisch“ nachhaltig wäre in diesem Zusammenhang daher nur ein Modell, welches auf „Untätigkeit“, wenn nicht gar auf „Destruktion“ beruht; also an die Wurzeln dessen geht, was den Konsum hervorbringt. Konstruktiv sind in diesem Zusammenhang alle Wirtschaftskrisen, Zerstörungen; auf privater Ebene: Reduzierung der Erwerbstätigkeit, einschl. des unternehmerischen Erwerbs, sprich: der Investitionen. Auch hier wiederum legt man die Axt an die Wurzeln der bürgerlichen Gesellschaft, die bei uns nicht nur mit wirtschaftlicher Produktivität gleichgesetzt wird, sondern auch mit der Schaffung immaterieller Werte wie Freiheits- und Menschenrechte. In Verbindung mit ökonomischer Untätigkeit sind diese schlichtweg nicht denkbar.

Um dieses vielleicht zu wirtschaftspessimistisch wirkende Modell an einem sehr praktischen Beispiel zu verdeutlichen: In der angestrebten Verringerung des Kohlendioxidausstoßes ist Deutschland, folgt man den entsprechenden Statistiken, nur in einem Jahrzehnt wirklich erfolgreich gewesen: in den 1990er Jahren, als die Wirtschaft der DDR, vorerst weitgehend ersatzlos, in sich zusammenbrach. Und klimaschützerisch „erfolgreich" ist Deutschland wie die gesamte übrige Welt auch in den momentanen Zeiten der Pandemie, wo große Teile der Wirtschaft wie Tourismus und Gastronomie nahezu völlig stillgelegt worden sind. – Niemand wird die Fortsetzung dieser „Erfolgsstrategie" auf Dauer wirklich anstreben.

17

Praktische Problematik einer Politik der Nachhaltigkeit I: „Grün" wählen als Schritt in Richtung Nachhaltigkeit? – Ein grüner Ministerpräsident wird Auto-Lobbyist

Das Jahr 1969 ist in Deutschland, und nicht nur dort, eine Zeit des Umbruchs. Die jahrzehntelange Monopolisierung der Bundespolitik durch die Union wird durch die Wahl einer neuen Bundesregierung Brandt/Scheel (SPD/FDP) aufgehoben. Das politische Meinungsbild der Gesellschaft ist so polarisiert wie niemals davor oder danach in der nun nicht mehr ganz so kurzen Geschichte der Bundesrepublik. Vor allem die akademische Jugend „radikalisiert" sich zunehmend. Ihr frontal entgegengesetzt bestehen Positionen fort, die man aus heutiger Sicht nur als nazistisch bezeichnen kann; dies waren wohl die eigentlichen Radikalen. Der Dissens entzündet sich im Alltag vor allem an den dichotomen Haltungen gegenüber gesellschaftlichen Autoritäten. Die beiden unverträglichen Haltungen lagen sozial oft nahe beieinander; oft innerhalb der gleichen Familie. Oft sind sie als unterschiedliche Altersgenerationen ausgewiesen.

K.-D. Hupke, *Warum Nachhaltigkeit nicht nachhaltig ist,* https://doi.org/10.1007/978-3-662-63332-8_17

Deren Vertreter sprachen oft nicht miteinander, sondern gingen sich aus dem Weg.

Dabei gab es im Lebensalltag durchaus auch Verbindendes. Inzwischen hatte nahezu jeder Erwachsene ein eigenes Auto oder zumindest über Familie, Freunde und Partner einen Zugriff darauf. Das Auto stand für Fortschritt, für Mobilität und für persönliche Freiheit. Da waren sich Alt-Nazis und Achtundsechziger durchaus ähnlich. Die zweite Ähnlichkeit bestand in einer weit verbreiteten Ansicht, den Ärger des Alltags herunterspülen zu müssen. Die jungen Rebellen waren zwar gegenüber den neuen Drogen offen, neigten aus Kosten- und anderen pragmatischen Gründen aber durchaus auch dem Alkohol zu. Alkohol zusammen mit Kraftfahrzeugen – das war eine vielfach buchstäblich tödliche Mischung. In den Jahren um 1970 überschritt die Zahl der Todesopfer die jährliche Marke von 20.000 Menschenleben. Sicherlich: An Herzinfarkt und an Krebserkrankungen starben auch damals mehr Menschen. Aber beide Erkrankungen, mögen sie im Einzelfall auch schon Vierzigjährige treffen, stehen doch für das biologisch angelegte Lebensende, sind im Prinzip Alterserkrankungen. Bei weitem der größte Anteil an Todesursachen bei unter Vierzigjährigen stellte allerdings (und auch heute noch; bei zwischenzeitlichen Rückgängen): der Verkehrstod.

Durch einen Verkehrsunfall wurde im Jahr 1969 auch der ansonsten führerscheinlose Vater des jungen Winfried Kretschmann getötet; er sollte nur als Beifahrer von einem Arbeitskollegen nach Hause gebracht werden. Wie der Vater zu dessen Lebzeiten lehnte auch der Sohn, nun noch durch den Tod des Vaters bestärkt, Kraftfahrzeuge tendenziell ab und bevorzugte Fahrradtouren und Bahnfahrten.

Nach einer Zwischenphase beim maoistischen KBW (Kommunistischer Bund Westdeutschland) findet der wertkonservative noch junge Mann bei den entstehenden Grünen seine politische Heimat.

Der weitere mittlere Lebensweg des Winfried Kretschmann soll hier nicht im Detail dargestellt werden. Es ergibt sich in seinem politischen Erfolg ein Auf und Ab; nicht untypisch für einen Politiker. Nicht ganz zufällig, aber doch ziemlich unerwartet wird Winfried Kretschmann im Frühjahr 2011 als erster (und bis jetzt einziger) grüner Politiker zum Regierungschef eines deutschen Bundeslandes ernannt. Nun beginnt ein weiterer Wandel der Politikerpersönlichkeit Winfried Kretschmanns.

Zu Anfang seiner Amtsperiode stehen noch Bekenntnisse, welche die genannte autoskeptische Grundhaltung zeigen (diese unterschied im Übrigen von Anfang an die später gegründeten Grünen von den Achtundsechzigern; auch wenn viele Grüne biographisch in diesen wurzeln). Kretschmann bezeichnet sein Verhältnis zum Auto als „nicht-libidinös". Seine Aussage: weniger Autos seien besser als mehr, wird viel zitiert.

Aber derartige autoskeptische Aussagen finden sich nur in den allerersten Wochen seiner Amtsperiode. Danach wird sein Politikstil staatstragender. In Interviews gibt er nun an, mit seiner Politik statt die linke Mitte nun die Mitte der Mitte besetzen zu wollen. Genau da sieht sich auch die nun oppositionelle CDU. Man findet den Ministerpräsidenten nun immer häufiger bei Besuchen und im Gespräch mit den Spitzenvertretern der Automobilindustrie. Kritische Anmerkungen gegenüber dem Automobil finden sich in diesem Zusammenhang nicht mehr. Und hinter den Kulissen wohl auch nicht. Statt mit Fahrrad oder Bahn zu fahren lässt Kretschmann nun einen größeren Dienstwagen aus heimischer Produktion anschaffen. Und statt sich über die unbequem niedere

Sitzposition in einem Porsche-Sportwagen zu mokieren, lobt er jetzt das tolle Drehmoment.

Statt sich generell gegen Autos auszusprechen, votiert Kretschmann nun für „umweltfreundliche" Autos; etwa solche, die mit Strom fahren anstatt mit fossilen Treibstoffen. Das sieht die Autoindustrie mit Wohlgefallen. Da kann sie sich hundertprozentig wiederfinden. Denn umweltfreundlich und nachhaltig – das sind wir schließlich doch alle. Und da, wo wir es noch nicht sind, sind wir kurz davor, es zu werden. Zur Not hilft der technische Fortschritt.

Inwieweit Strom nachhaltiger ist als fossiler Treibstoff, wird man einer eigenen Diskussion überlassen müssen, die hier nicht abschließend geführt werden kann. Immerhin wird bis jetzt (und auf absehbare Zeit hin) der weit überwiegende Anteil an der Energieproduktion aus nicht als nachhaltig geltenden Verfahren gewonnen. Abgesehen davon, dass bei der Stromerzeugung enorme energetische Umwandlungs- und Übertragungsverluste zu verzeichnen sind. Aber der gegenwärtige Verbrauch an Strom ist auch nicht der Maßstab. Wird erst der gesamte energetische Aufwand der Automobilität wie der häuslichen Heizungen auf Strom umgestellt, ist der gegenwärtige Anteil der Stromerzeugung aus regenerativen Quellen kaum noch eine Randnotiz wert. Wir sind tatsächlich keineswegs in der Erzeugung regenerativen elektrischen Stroms bereits schon recht weit gekommen; vielmehr scheinen die Zukunftsaufgaben in ihrer Größendimension noch völlig ungelöst.

Hier soll nicht das Urteil über einen einzelnen Politiker gefällt werden. Gerade auch, dass der baden-württembergische Ministerpräsident vielfach als aufrichtig und sympathisch gezeichnet wird (und es wohl auch ist; innerhalb allerdings seiner engen funktionalen Grenzen als Spitzenpolitiker) lässt erkennen, wie stark die bereits dargestellten Mechanismen der Macht wirken. Und dass diese räumlich in Baden-Württemberg nicht in der Villa Reitzenstein (dem Amtsitz des Ministerpräsidenten) aufgestellt sind, sondern an anderen Orten liegen. An Orten, die nicht politischen Wahlen unterworfen sind. Die Grünen stellen im Moment den baden-württembergischen Ministerpräsidenten – aber sie haben nicht die Macht in Baden-Württemberg.

Das Exempel zeigt generell die Grenzen von politischen Wahlen auf, die Politik zu verändern. Gewählt werden können vor allem die Personen, weniger die Inhalte. Dass die Wahlkampfwerbung hierin nicht die Wahrheit sagt, ist an sich nicht erstaunlich; dies gilt für Werbung generell. Schade ist, dass es so gut wie keinen nennenswerten (von der Wirtschaft) unabhängigen Journalismus gibt, der auf dieses offenkundige Manko hinweist.

18

Praktische Problematik einer Politik der Nachhaltigkeit II: Was ist nachhaltiger – mehr oder weniger fliegen?

Aus einem Artikel von Andreas Müller in der Stuttgarter Zeitung vom 02.02.2019:

> Es herrschte beste Laune beim Neujahrsempfang des Stuttgarter Flughafens. Zu feiern gab es einen neuen Passagierrekord: Fast 11,8 Millionen Fluggäste waren 2018 auf den Fildern gezählt worden. Nach drei Jahren mit Zuwächsen bedeutete das abermals ein Plus von knapp acht Prozent. Entsprechend zufrieden präsentierten sich die beiden Flughafenchefs und die Spitzen des Aufsichtsrates, Verkehrsminister Winfried Hermann und Oberbürgermeister Fritz Kuhn.

Dieses Buch soll keineswegs ein Pamphlet gegen die politischen „Grünen" darstellen. Es hätte sich auch um Vertreter anderer Parteien handeln können. Allerdings sind die Grünen in besonderem Maße dazu angetreten, sich für den Schutz der Umwelt einzusetzen.

K.-D. Hupke, *Warum Nachhaltigkeit nicht nachhaltig ist*, https://doi.org/10.1007/978-3-662-63332-8_18

Unwidersprochen verbraucht der einzelne Bürger wohl niemals so viel Energie in kurzer Zeit wie beim Fliegen. Die dabei verbrauchten zumeist fossilen Energierohstoffe tragen in erheblichem Maße zum Wandel des Weltklimas bei. Der bis vor kurzem regierende parteigrüne Stuttgarter Oberbürgermeister ist mit seiner Stadt Mitglied im internationalen Klima-Bündnis der Städte. Der baden-württembergische Verkehrsminister, ebenfalls ein Vertreter der GRÜNEN, wird nicht müde, den Zeitenwandel zugunsten des Klimas in Bezug auf neue Radwege sowie die Förderung des öffentlichen Nahverkehrs zu betonen. Und nun freuen sich im Jahr 2019 beide medienwirksam über einen achtprozentigen Zuwachs an Flugpassagieren auf dem regionalen Flughafen, der fortgeführt innerhalb weniger Jahre zu einer Verdoppelung des Flugaufkommens und damit auch grob des Kerosinverbrauchs und des damit verbundenen Ausstoßes von Kohlendioxid als vermuteten Motor des Klimawandels führen würde.

Deutlicher kann man nicht am konkreten Beispiel darlegen, wie ökonomische Nachhaltigkeit und „ökologische" Nachhaltigkeit sich widersprechen. Wobei im Tagesgeschäft vor allem erstere zählt. Dabei kann man den verantwortlichen Politikern noch nicht mal etwas vorwerfen. Als Mitglieder des Aufsichtsrates des Manfred Rommel Airports haben sie eben andere Aufgaben wie als Umweltschützer und ökologisch ausgerichtete Parteipolitiker.

Politik muss sich unter diesen Umständen dennoch nicht wundern, wenn sie ein Glaubwürdigkeitsproblem hat.

19

Praktische Problematik einer Politik der Nachhaltigkeit III: „Nachhaltig wählen" durch Inklusion des Bösen – Überall ist AfD!

Die AfD hatte in den Landtagswahlen von Baden-Württemberg im März 2016 rund 15 % der Wähler-stimmen und damit auch ungefähr der Sitze erhalten. Dieser Umstand wurde von vielen beklagt und als Ver-irrung des Wählers gesehen. Aber 15 % sind immerhin nur weniger als ein Sechstel der Stimmen; fünf Sechstel also für die Guten? Nicht so schlimm – oder doch?

Schlimm wäre es auch nicht, wenn nicht der Erfolg von AfD und Pegida, die man ruhig als außerparlamentarischen Arm der AfD sehen kann, auf einer ganz anderen Ebene eben doch stattfinden würde. Die AfD ist nämlich in der Vorwahlperiode mit von Woche zu Woche steigender Tendenz als eine Gefahr für die etablierten Parteien erkannt worden; und als etabliert können mittlerweile auch DIE GRÜNEN gelten. Dieser zunehmende Konkurrenzdruck um den gleichen Wähler konnte wahrgenommen werden in einer unheiligen Allianz aller übrigen Parteien in der

K.-D. Hupke, *Warum Nachhaltigkeit nicht nachhaltig ist*, https://doi.org/10.1007/978-3-662-63332-8_19

Ablehnung gemeinsamer öffentlicher Auftritte, vor allem im Fernsehen, zusammen mit Vertretern der AfD. Dieses Ansinnen konnte nicht aufrechterhalten werden, da es nun für wirklich jeden erkennbar in eine „Bevormundung" des Wählers gemündet hätte.

Scheinbar geschlossen grenzten sich die übrigen Parteien von der AfD ab und betonten ihre Unterschiede dieser gegenüber im Hinblick auf kulturelle Offenheit gegen Ausländer und insbesondere jüngste Zuwanderer.

Aber die schon bereits in Umfragen prophezeiten 15 % für die AfD sind halt schon ein großes Wählerpotential. Das weckt Begehrlichkeiten. Neben der offenen Abgrenzung trat eine zweite und eher versteckte Strategie. Man baute einfach Inhalte und Forderungen der AfD in seine eigenen Konzepte ein. Am deutlichsten vielleicht die CSU, die 2016 gar nicht zur Wahl stand, aber die bereits auf die Landtagswahl in Bayern 2018 schielte. Aber auch die CDU in Baden-Württemberg und ebenfalls im benachbarten Rheinland-Pfalz, wo am gleichen Tag gewählt wurde, machte sich Forderungen der AfD zu Eigen. Natürlich ohne sich von Angela Merkel zu distanzieren, die aber selbst in der Flüchtlingsfrage im Vergleich zu Sommer 2015 schon merklich „zurückruderte". Aber auch in Kreise von Grünen und SPD flossen, je näher es auf die Wahlen zuging, seltsam konservative inhaltliche Elemente ein. Vorreiter war hier der grüne Tübinger Oberbürgermeister Boris Palmer, der sich sogar Waffengewalt als Mittel gegenüber weiterer Zuwanderung vorstellen konnte; darin der AfD-Bundesvorsitzenden Frauke Petry fast im Wortlaut ähnlich, die dafür aber inhaltlich viel stärker öffentlich gescholten wurde. Palmer konnte somit als „Vordenker" für seine Partei durchgehen und hat dieser möglicherweise Tausende von Stimmen bei der Landtagswahl gerettet; viele davon hätten wohl AfD gewählt. Nun hatten sie in Boris Palmer eine zwar im Moment nur lokal wirksame, aber doch starke Alternative.

In allen Parteien wurde nun aus der „Flüchtlingsfrage" zunehmend das „Flüchtlingsproblem". Das ist sicherlich Politik der AfD, nur nicht in Gestalt der AfD.

Auch in anderen politischen Themen dieser Wochen vor der baden-württembergischen Landtagswahl zeigte sich eine befremdliche Einheit zwischen allen schließlich nach der Wahl im Landtag vertretenen Parteien nun wieder einschließlich der AfD. Jede Partei vertrat und vertritt eine forsche Haltung gegen eine zunehmende Ausnutzung der EU-Kassen, in welche Deutschland doch am meisten einzahlt, durch Andere. Jede Partei nahm aber auch der indischen Zentralregierung übel, dass sie in Südindien die Wahlfreiheit in der zweiten schulischen Fremdsprache zugunsten des nordindischen Sanskrit abgeschafft hat, was die (ohnehin minimalen) Chancen der deutschen Sprache auf schulische Verankerung in Südindien völlig zu vernichten drohte. – All das sind Diskurse, die im Kern AfD enthalten und keineswegs dem offenen Dialog der Kulturen dienen, wie ihn alle Nicht-AfD-Parteien nach außen hin pauschal plakatieren.

Der eigentliche Sieg der AfD bei den anschließenden Landtagswahlen lag nicht im letztlich erreichten insgesamt im Vergleich zum Stimmvolumen der übrigen Parteien doch geringfügigen runden Sechstel oder Siebtel der Gesamtstimmen. Der Sieg der AfD lag darin, den anderen Parteien ihre Vorstellungen übertragen zu haben. Und das geschah keineswegs als „Zwang", sondern ganz „freiwillig".

Wäre dieses Eingehen auf AfD-Inhalte nicht geschehen, hätte die AfD bei den Wahlen möglicherweise 25 oder gar 30 % erreicht. Das wäre dann eine wirkliche Richtungswahl gewesen. Und es hätte immer noch für eine Zweidrittelmehrheit zugunsten der (in diesem Falle)

Welcome-Refugees-Parteien gereicht. Und wäre mit einer klaren Aussage verbunden gewesen.

Aber diese klare Aussage hätte ihren Preis gekostet. Alle Nicht-AfD-Parteien hätten wohl schlechter abgeschnitten, was einen Verlust von Sitzen und von Wahlkostenpauschalen bedeutet hätte, also mithin an die personelle und materielle Substanz der Parteien gegangen wäre.

Grundsätzlich ist die Politik wie sie ist: Sie rennt dem Wähler, dem realen wie dem vermuteten, hinterher. Und sorgt dafür, dass eben dieser Wähler (nun wiederum als Individuum verstanden) bei den Wahlen keine Chance auf eine inhaltliche Entscheidung hat. Einen Erklärungsansatz für ein solches Politikerverhalten liefert die Systemtheorie eines Niklas Luhmann (2008).

20

Praktische Problematik einer Politik der Nachhaltigkeit IV: Wie tote Flüchtlinge eine Änderung der deutschen Flüchtlingspolitik „erzwingen" – und zu noch mehr toten Flüchtlingen führen

Frühsommer 2016: Bedingt durch den Bürgerkrieg in Syrien und im Irak sowie durch die nach wie vor schwierige wirtschaftliche Situation in weiten Teilen Afrikas, aber auch in Südosteuropa, steigert sich die Fluchtbewegung nach (Mittel-)Europa in zuvor nicht gekannte Dimensionen. Millionen machen sich auf den Weg. Fluchtweg und Fluchtraum nach Europa ist dabei in der Regel das Mittelmeer. Das größte Nebenmeer der Erde ist zumeist ruhig. In Zusammenhang mit Tiefdruckwirbeln und mit sommerlichen Wärmegewittern kann es jedoch hohen Wellengang entwickeln und ist dann für kleine Boote nicht mehr befahrbar.

Kleine Boote sind es aber fast durchweg, in denen die Flüchtlinge sitzen. Oft sind es Schlauchboote oder einfach gezimmerte Holzkähne. Zumeist sind sie hoffnungslos überladen. Oft sind nicht genügend Rettungsringe oder Schwimmwesten an Bord. Schwer zu sagen, wie viele Menschen auf dem Weg von Afrika nach Norden,

© Der/die Autor(en), exklusiv lizenziert durch Springer-Verlag GmbH, DE, ein Teil von Springer Nature 2021
K.-D. Hupke, *Warum Nachhaltigkeit nicht nachhaltig ist,*
https://doi.org/10.1007/978-3-662-63332-8_20

von der türkischen Süd- oder Westküste nach Griechen-
land in den vergangenen Jahren schon ihr Leben verloren haben; aber es könnten Zehntausende sein. Diese
Situation ist eine laufende Anklage gegen Europa. Gegen
ein Europa, das aus Machtdenken und wegen Rohstoff-
interessen die Auslösung von Bürgerkriegen oft eher unter-
stützt als verhindert. Gegen ein Europa, das den im Süden
gelegenen Meeresraum nicht genügend überwacht, um
solche Katastrophen zu verhindern. Gegen ein Europa,
dass sich in seinem relativen Wohlstand abschottet und die
ankommenden Boot-People den ohnehin angespannten
südeuropäischen Partnern überlässt, wo die Überlebenden
in überbelegten Auffanglagern dahinvegetieren.

Diese Missstände sind der Öffentlichkeit seit Jahren
bekannt, ohne dass sich die Politik dafür besonders
interessiert hätte. Gewiss, man ließ Militärschiffe
patrouillieren, um einen Teil der Flüchtlinge abzu-
fangen. Und doch geschieht wenig oder fast nichts, das
die Situation wirklich geändert hätte. Dies liegt auch
daran, dass die Öffentlichkeit sich nicht wirklich für die
Zahlen interessiert, mit denen das Leiden dokumentiert
wird (z. B.: „Wieder vierzig Flüchtlinge beim Kentern
ihres Bootes ertrunken.“). Zahlen sind abstrakt. Damit
werden in der Öffentlichkeit keine Stimmungen erzeugt.
Öffentliche Stimmungen sind aber der zweite wichtige
Faktor neben den Einflüssen der Wirtschaft (siehe vorangehende Kapitel), auf denen politische Macht in westlichen Demokratien beruht. Diese benötigen, um wirksam
zu werden, stets das anschauliche Einzelschicksal.

Anfang September 2016 wird das Bild des ertrunkenen
Aylan in den Medien präsentiert. Der dreijährige Junge,
auf der Flucht im kenternden Boot ertrunken, liegt tot
am Strand, die Beine ein wenig angezogen. Er liegt, als ob
er gerade schlafen würde. Und doch ist er tot. Ein Bild,
das auch den britischen Premierminister Cameron einen

Moment lang bewegt, unmittelbare Hilfe für Flüchtlinge zu fordern. Wobei noch nicht ausgemacht ist, ob ihn wirklich der tote Junge bewegt oder ob er als Medien-Profi sich einfach in das rechte Licht setzen wollte. Aber warum sollte ihn dieses Foto auch nicht bewegen, wo es doch fast alle erschüttert hat. Auch Angela Merkel macht in diesem Zusammenhang entscheidende Aussagen, die im Sinne einer generellen Öffnung Deutschlands gegenüber Flüchtlingen interpretiert werden. Sicherlich sind die Flüchtlingszahlen schon in den Vormonaten stark angestiegen. Aber jetzt schnellen sie noch einmal in die Höhe.

Möglicherweise war dieses zunächst verbale Entgegenkommen der Kanzlerin, verbunden mit einer vorübergehenden Grenzöffnung gegenüber aus Ungarn einreisenden Flüchtlingen, ein entscheidender Fehler. Es hat nicht nur Hunderttausenden eine vorläufige und zumeist sehr behelfsmäßige Bleibe in Deutschland ermöglich. Es hat auch weitere Hunderttausende überhaupt erst auf den Fluchtweg gebracht. Dass die Kanzlerin schon nach wenigen Wochen nicht mehr durch „Wir schaffen das"-Aussprüche von sich reden machte und inhaltlich bereits gegenruderte, änderte daran nichts. Die Menschen hatten sich bereits auf den Weg gemacht.

Es sind in den Monaten September bis November nicht nur mehr Menschen als zuvor in Deutschland angekommen. Es sind wohl auch wesentlich mehr Menschen als davor im Mittelmeer ertrunken. Von diesen wurden allerdings keine bewegenden Fotos mehr gezeigt. Schließlich war die Zeit des Mitleids ja auch vorbei und man musste sich Gedanken über eine Begrenzung der Flüchtlingsströme machen. Mitleid wäre in diesem Zusammenhang kontraproduktiv gewesen.

21

Praktische Problematik einer Politik der Nachhaltigkeit V: „Im Kampf gegen den Klimawandel sind wir ja schon ein schönes Stück vorangekommen"

Zugegeben wirken die Zahlen auf den ersten Blick ja recht gut. 2018 wurde wohl erstmalig mehr Strom aus erneuerbaren Energiequellen erzeugt als aus Kohle und Kernenergie zusammengenommen. Das schaut aus wie kurz vor dem Durchbruch. Man muss nur eben noch von diesem starken Drittel der Stromerzeugung auf volle (oder zumindest annähernde) hundert Prozent kommen, und alle Probleme, die mit dem durch Kohlenstoffausstoß vermuteten Klimawandel zusammenhängen, scheinen gelöst. Schließlich stellen wir ja gedanklich vorgreifend bereits auf Elektromobilität um und die vorwiegende Stromversorgung bei häuslichen Heizungen dürfte auch nicht mehr lange auf sich warten lassen. Liest man die Medienberichte oberflächlich, scheint alles irgendwie zu passen.

Nicht ganz! Zunächst macht der Stromanteil an der gesamten bundesdeutschen Energieversorgung gerade mal 20 % aus. Das hängt damit zusammen, dass Strom im Moment im Wesentlichen nur für Beleuchtungszwecke

© Der/die Autor(en), exklusiv lizenziert durch Springer-Verlag GmbH, DE, ein Teil von Springer Nature 2021
K.-D. Hupke, *Warum Nachhaltigkeit nicht nachhaltig ist*,
https://doi.org/10.1007/978-3-662-63332-8_21

und Prozesse industrieller Fertigung verwendet wird. Der Hauptenergieverbrauch dagegen findet im Bereich der häuslichen Heizungen sowie im Individualverkehr und im Gütertransport statt. Dort ist die Umstellung auf elektrische Energie entweder ganz in den Anfängen oder noch weitgehend „Zukunftsmusik". Haben wir, vielleicht im Jahr 2050, beide Systeme nahezu völlig auf Strom umgestellt, dürfte sich der Stromverbrauch extrem erhöhen. Das aber auch nur unter der Maßgabe, dass der bisherige Energieverbrauch nicht mehr anwächst. Das ist nach Erfahrungen der Vergangenheit eher unwahrscheinlich, zumal elektrischer Strom als Umwandlungsprodukt (Sekundärenergie) einen geringen Wirkungsgrad hat. Zudem handelt es sich bei Deutschland (und vielen anderen „Industriestaaten") um eine kaum noch wachsende und wirtschaftlich eher „saturierte" Bevölkerung. In den die zukünftige Entwicklung bestimmenden heutigen Entwicklungs- und Schwellenländern sieht das ganz anders aus.

Die Umstellung des Individualverkehrs auf elektrische Energie, die heute als Mittel gegen den anwachsenden Ausstoß von Kohlendioxid und damit gegen die vermutete Erderwärmung gepriesen wird, ist keineswegs die Lösung. Sie ist im Gegenteil erst der Anfang des Problems. Es wird heute nicht einmal in Ansätzen deutlich, wie diese gigantische Steigerung der Stromproduktion über erneuerbare Energiequellen gelingen soll. Dennoch preisen Umweltverbände, Politiker und Medien in völliger Einmütigkeit die Elektromobilität schonmal als ökologisch vorbildlich.

22

Praktische Problematik einer Politik der Nachhaltigkeit VI: Klimaschutz wirft Gräben auf!

Eine parlamentarische Demokratie lebt von einem Interessenausgleich unterschiedlichster Gruppen. So ist zum Beispiel eine gezielte Politik gegen die Interessen etwa der Autoindustrie, der Kirchen oder der Sportverbände in der Praxis unmöglich, da immer wieder deren Vertreter oder auch bloße Lobbyisten parteienübergreifend gegen eine solche Politik mobilmachen würden. Die ohnehin zumeist eher knappen Mehrheiten zugunsten einer politischen Maßnahme würden dadurch kippen. Eine Einschränkung der Handlungsmöglichkeiten über eine Gesetzesänderung lässt sich nur erreichen, wenn die betroffene Gruppierung entweder so klein und durchsetzungsschwach ist, dass die besagten Gegenmaßnahmen nicht greifen, oder extrem diskreditiert ist ("Kinderschänder", Einbrecher) oder aber die Maßnahmen derart allgemein sind, dass sie ohnehin fast jeden treffen. Demgegenüber reißt jedoch eine Klimasteuer auf den Verbrauch fossiler Energieträger enorme

K.-D. Hupke, *Warum Nachhaltigkeit nicht nachhaltig ist*, https://doi.org/10.1007/978-3-662-63332-8_22

gesellschaftliche Gräben auf, welche die Durchsetzbarkeit äußerst unwahrscheinlich erscheinen lassen, wie am Beispiel des Ländlichen Raumes erläutert werden soll.

Seit Jahrzehnten lässt sich ein allgemeiner, in den vergangenen Jahren eher leicht nachlassender Trend feststellen, dass Familien in einem Prozess der Suburbanisierung städtische Mietwohnungen verlassen, um sich weit außerhalb in zumeist kleinen Siedlungen ein preisgünstigeres Grundstück zu kaufen und darauf ein Eigenheim zu erstellen, was aufgrund der Bodenpreise in der Stadt nicht möglich wäre.

Dieser Schritt hat weitreichende Konsequenzen und will gut überlegt sein. Die erwerbstätigen Eltern, später auch evtl. die heranwachsenden Kinder, werden ein Leben als (Fern-)Pendler vor sich haben. Das bedeutet nicht nur einen enormen Verlust an (Lebens-)Zeit, sondern auch erhebliche zusätzliche Kosten in Form von Fahrzeugverschleiß und von Treibstoffen. Bei erwachsenen Kindern sind dann oft vier Autos pro Haushalt „gesetzt", die dann auch oft noch pro Auto gerechnet überdurchschnittliche Kilometerleistungen erbringen. Und das bei oftmals sehr geringer finanzieller Gesamtbelastbarkeit, weil ja schließlich auch der Kredit für das Eigenheim noch bedient werden muss. Abgesehen davon, dass das im Vergleich zur vorherigen Stadtwohnung flächenmäßig große Einfamilienhaus noch entsprechend hohe winterliche Heizkosten verschlingt.

Wer meint, dieses Problem sei doch über Elektromobilität und Elektroheizung zu lösen, sei auf das vorangehende Kapitel verwiesen.

Eine nicht nur symbolische, sondern tatsächlich klimawirksame „Klimaabgabe" auf fossile Brennstoffe würde die Gräben zwischen dem städtischen und dem ländlichen Raum weiter aufreißen. Abgeordnete ländlicher Wahlkreise aller Parteien würden in diesem Falle, gegen jede

Parteiraison, den „Aufstand wagen". Eine substanzielle Abgabe für fossile Energieträger zugunsten des Klimaschutzes ist daher schon aus diesen Gründen nicht zu erwarten.

23

Durch politische Wahlen ein etabliertes parlamentarisch-marktwirtschaftliches System ändern – das schwierigste Projekt seit „Erschaffung der Welt"?

Die vorangehenden Kapitel haben gleichsam an exemplarischen Situationen durchdekliniert, wie schwierig (um nicht zu sagen: im Großen unmöglich) es ist, ein parlamentarisch-marktwirtschaftliches System durch Wahlen zu verändern. Jede neue Regierung und jede Politikerperson beugt sich den, Anhänger würden sagen: Sachzwängen, Gegner würden sagen: Systemzwängen. Es soll aber hier wie überhaupt in diesem Buch nicht darum gehen, zu verunglimpfen, sondern vielmehr die eng gesetzten Grenzen von nachhaltigem Handeln zu verdeutlichen. Eine marxistische Partei entsteht, um als sozialdemokratische Partei als Endprodukt des historischen Prozesses mit der Schröderschen Agenda 2010 die größten Sozialkürzungen der Nachkriegszeit durchzusetzen. Eine grüne Partei übernimmt die Regierungsverantwortung in einem Bundesland und setzt als eine Hauptmaßnahme einen Nationalpark durch, was im keineswegs grünen, sondern „stockkonservativen" Nachbarland Bayern schon Jahrzehnte zuvor gelungen ist – ganz ohne grüne Beteiligung. Ein Ministerpräsident der Linken setzt in Thüringen eine vergleichbare Ausländer- und Asylbewerberpraxis durch wie in anderen Bundesländern auch. Inhaltliche Politik ist von konkreten Personen und Parteien weitgehend unabhängig, so wie Mode, Werbung und Kommerz eben auch. Dies scheint im Gegensatz dazu zu stehen, dass sich all diese gesellschaftlichen Instanzen und Subsysteme über zur Schau gestellte Individuen darstellen. So etwa auch die aktuelle Klimaschutzbewegung über Greta Thunberg. Diese ist zwar als Individuum inszeniert, reicht aber eher in den Bereich des Symbolischen und des Plakativ-Anschaulichen, da abstrakte Zielsetzungen als solche nun einmal nicht so leicht darstellbar sind. Eine ausgeprägte Resilienz gegenüber individuellen Initiativen ist eine der ausgeprägtesten Eigenschaften westlich-parlamentarisch-marktwirtschaftlicher Systeme. Sie steht im Gegensatz zu den Plakativen dieser Gesellschaft. – Darin gleicht sie der Werbung, welche die gesamte Gesellschaft nicht nur beeinflusst, sondern in gewissem Sinne auch spiegelt: Wenn ein Produkt als „exklusiv" oder „individuell" vermarktet wird, ist es möglichweise vieles: exklusiv aber gerade nicht. Politik und Werbung richten sich an das je gleiche Individuum. Es wird aber nicht als Individuum wahrgenommen oder geschätzt, sondern nur in aggregierter Form als ökonomische „Nachfrage" oder als politisches „Wählerpotential".

Sicherlich tut diese Erkenntnis „weh". Sie steht zu sehr im Gegensatz zur Selbstsicht dieser Gesellschaft, die ja auch gerade sich als besonders offen und innovativ versteht, in Abgrenzung etwa zu „Diktaturen". Aber Diktatoren können gestürzt werden, eine parlamentarisch-marktwirtschaftlich orientierte Gesellschaft im Prinzip nicht. Innovativ und veränderungsfreudig ist diese

Gesellschaft nur in zwei Hinsichten: zum einen in einer instrumentell-technischen Modernisierung, die ihre Überlebensfähigkeit garantiert. So war es etwa möglich, die bereits erwähnten Schröderschen Reformen durchzusetzen, die im Kern einen gigantischen Abbau von Arbeitnehmerrechten darstellen. Weil dies gegen momentane Interessen nicht möglich war, gelang dies vor allem in Hinblick auf die Zukunft, wie man bei Rentenkürzungen besonders eindrucksvoll sehen konnte, die erst Jahrzehnte nach den neuen Beschlüssen und bei einer inzwischen nachgewachsenen Generation so richtig greifen.

Innovativ ist diese Gesellschaft auch im Bereich der symbolischen Selbstinszenierung: etwa in der Schaffung von (gemessen an der Gesamtfläche winzig kleinen) Nationalparken, die dann generell dafür herhalten müssen zu demonstrieren, dass nun der Umgang mit der Natur sich geändert habe. Aber all dies ist nicht der Kern des Nachhaltigkeitsgedankens: dass diese Gesellschaft sich (die Hartz-IV-Empfänger sowie die Naturschützer mögen diese Aussage verzeihen) in eher unbedeutenden Teilaspekten ändern möge, um insgesamt in etwa der alten Form bestehen zu bleiben.

24

„Allein die gute Absicht zählt"? – Von der Begrenztheit altruistischen politischen Handelns

Die bisherige Darstellung hat auf unterschiedliche Handlungsebenen und Akteure-Ebenen Bezug genommen, welche für den Nachhaltigkeitskontext Bedeutung besitzen, aber auch die Gesellschaft völlig gestalten und prägen (beides lässt sich ohnehin nicht trennen):

1) Die private Ebene des je einzelnen Bürgers, hier v. a. als Verbraucher und als Wähler von Bedeutung.
2) Die öffentliche Ebene der politischen Gremien, vom Gemeinderat bis zur Vollversammlung der UN (einschließlich der von dieser festgesetzten „zwei Gewalten": Judikative und Exekutive)
3) Die Ebene der (Massen-)Medien

   a) formell: Medienunternehmen wie Fernsehanstalten, Verlage und Betreiber von Online-Plattformen
   b) informell: NGOs in ihrer unmittelbaren Verflechtung mit dem medialen Meinungsbild

© Der/die Autor(en), exklusiv lizenziert durch Springer-Verlag GmbH, DE, ein Teil von Springer Nature 2021
K.-D. Hupke, *Warum Nachhaltigkeit nicht nachhaltig ist*,
https://doi.org/10.1007/978-3-662-63332-8_24

4) Die wirtschaftlichen Interessen der Kapitalverwertung

Die genannten vier Akteure-Ebenen sind stark miteinander verflochten. So schien es unnötig, eine eigene Haupt-Einheit der NGOs auszuweisen, weil diese unmittelbarer Reflex des medialen Meinungsbildes sind und sich keinerlei und sei es auch nur kurzzeitige Unabhängigkeit von diesem leisten können. Eine NGO zieht nicht nur Vorteile aus Medienberichten wie Hungerkatastrophen, verheerenden Erdbeben oder katastrophalen Überflutungen, sondern kann ohne diese (Berichte, nicht Realitäten!) überhaupt nicht existieren.

Die Ebene 4 ist allerdings als eigentlicher bestimmender Akteur zu sehen, da die anderen Ebenen über Lobbyismus, Werbung und generell: wirtschaftliche Abhängigkeit stark von ihr geprägt sind.

Eine solche Außensteuerung und Abhängigkeit ergibt sich auch im Hinblick auf den Einzelnen (Ebene 1) als Verbraucher und Wähler, wo dieser doch scheinbare Wahlfreiheit genießt. Werbung und Medien geben ihm jedoch Stile vor; gerade auch da, wo er individuell zu agieren glaubt: wenn er zum Einkaufen in den Verbrauchermarkt geht oder in die Wahlkabine, um dort sein Kreuzchen zu setzen (z. B. Bourdieu, 1987).

Vielleicht wird man in der Auflistung der Akteure 1) bis 4) auch Organisationen vermissen wie die Gewerkschaften, Kirchen, Sportverbände oder den ADAC. Gewerkschaften wird man aber als zunehmend schwachen Reflex auf die Interessen von 4) sehen können, Kirchen verlieren außer ihrer wirklich bedeutenden Funktion als Unternehmer und Investoren (größte nichtstaatliche Landbesitzer in Deutschland, größte Inhaber von Unternehmen sozialer Dienstleistungen wie Pflegeheime und Krankenhäuser; hierin auch unter 4) als traditionelle ethisch-normative Einflussgrößen immer mehr an

Bedeutung (nicht vielleicht für einige Einzelne; aber doch insgesamt als gesellschaftsprägende Kraft). – Andererseits muss man Freizeit und Konsum nicht nur in Verbrauchermärkte und Möbelhäuser tragen, sondern man kann auch mit diesem Geld sporteln oder Auto fahren. Für diese Aktionen sind dann nicht Kaufland und Möbel-Maier, sondern eben Sportverbände und ADAC zuständig. Diese sind dann im engeren Sinne keine Vertreter der Wirtschaft wie 4), agieren aber in vieler Hinsicht wie solche und sind mit dieser besonders eng verflochten. – Der Bereich der „Werbung", ohne explizit als solcher ausgewiesen zu sein, steht im Schema zwischen 3) Medien und 4) Wirtschaft und ist beiden gleichermaßen zugehörig; dies gilt nicht nur für Werbung, die als solche explizit ausgewiesen ist.

Wenn man die Wirtschaft also als den prägenden Akteursrahmen bestimmt, muss man die Forderungen nach Nachhaltigkeit in deren Sprache übersetzen. Oder, um es im Sinne der Systemtheorie eines Niklas Luhmann (2008) zu formulieren: in eine binäre Kodierung überführen. Die würde in diesem Falle „Gewinn" versus „Verlust" lauten. Vorschläge sowie zaghafte Umsetzungsversuche zielen dahin, beispielsweise einen erhöhten Energieverbrauch durch Energiesteuern oder Verteilung von Verschmutzungsrechten für die Wirtschaft im Sinne dieses materialistisch-pekuniären Denkens erfahrbar zu machen. – Das Problem, dass sich dabei immer wieder zeigt, dass der Lobbyismus derartig ausgeprägt ist, dass Verschmutzungsrechte regelmäßig so reichlich zugewiesen werden, dass sie inflationär entwertet werden: Weder muss der Verschmutzer sich nun allzu sehr an Verschmutzungsgrenzen halten, noch ist der Verkauf dieser Rechte auf dem Markt, der mit derlei Lizenzen geradezu geflutet wird, allzu lukrativ. Aus beiden Effekten lässt sich keine gesteuerte Reduzierung des Umweltverbrauchs erwarten.

25

Darüber-Reden als Handlungsersatz

Die meisten Deutschen sind der Ansicht, dass im eigenen Land, verglichen mit Nachbarländern oder mit anderen Industriestaaten, relativ viel zum Schutz der natürlichen Umwelt geschieht. Möglicherweise sehen sie dieses als immer noch zu wenig an, aber eben doch: vergleichsweise viel. Diese Selbstsicht unserer Gesellschaft im Hinblick auf eine Vorbildfunktion wird uns, bis zu einem bestimmten Grad, sogar von unseren Nachbarn abgenommen. „Die Deutschen" gelten vielfach als führend im Bereich Müllsortieren, Abfallverwertung und anderen Umweltthemen.

Fragt man (nun wieder eher unter Deutschen) genauer nach, worin genau diese Vorreiterstellung in Sachen Umweltschutz gesehen wird, sind die Antworten der Befragten zumeist dürftig. Man verweist auf die große Breite, mit welcher Umweltthemen in Medien und Politik abgehandelt werden. Oft nimmt man dabei auch konkrete Maßnahmen in den Blick, wie z. B. das Sortieren von Müll in spezifischen Behältnissen. Dabei folgt dieser Blick

© Der/die Autor(en), exklusiv lizenziert durch Springer-Verlag GmbH, DE, ein Teil von Springer Nature 2021
K.-D. Hupke, *Warum Nachhaltigkeit nicht nachhaltig ist,*
https://doi.org/10.1007/978-3-662-63332-8_25

aber zumeist lediglich Willensbekundungen oder (wie im Falle des Abfallsortierens) bestenfalls Vorstufen einer Schadensvermeidung. Ziel müsste eigentlich das Endresultat der Schadensvermeidung sein, nicht deren Vorankündigungen oder propagierte Vorstufen. Wer hat aber schon so genau im Blick, was mit dem Müll passiert, der oft genug penibel sortiert wird? Und wer weiß schon so sicher, ob daraus wirklich neue Wertstoffe entstehen oder ob nach der Sortierung doch bloß alles wieder im Restmüll zusammengekippt wird?

Die meisten Menschen, geleitet von wirtschaftlicher Lobby, Politik und Medien, geben sich aber schon mit Ankündigungen zufrieden. Man kann und will das ja auch alles nicht ganz so genau wissen. Allein das Aufgreifen und das Thematisieren von Problemen lässt doch irgendwie die Schlussfolgerung zu, dass auch etwas geschehen werde. Wobei der Zusammenhang zwischen **Über-ein-Problem-reden** und **Etwas-gegen-ein-Problem-machen** längst nicht so klar ist. Oft scheint es, als ob das Reden als Handlungsersatz gilt; zumal, wie gesagt, auf der globalen gesellschaftlichen Ebene die meisten Menschen ohnehin zwischen Reden und Handeln nicht streng unterscheiden. Dies wird von Politik und Wirtschaft auch gezielt genutzt. Dies gilt selbstverständlich nicht nur für Umweltthemen, sondern auch für andere gesellschaftliche Bereiche, die aber in den übergreifenden Kontext von mehrsäuliger Nachhaltigkeit miteingeschlossen sind. Der Mechanismus soll kurz am Beispiel „Emanzipation der Frau", immerhin ein unumstrittenes Ziel sozialer Nachhaltigkeit, erläutert werden.

So haben wir Jahre intensiver Diskussion der Unterrepräsentanz von Frauen in den Vorständen von DAX-Unternehmen hinter uns. Das sollte, auch ohne Quote, doch einige Unternehmen bewogen haben, mehr Frauen in entsprechende Positionen zu bringen? Fehlanzeige.

Laut Medienberichten geht die Zahl von Frauen in den Vorständen führender Unternehmen im Moment (Frühjahr 2017) eher wieder leicht zurück. Folgt man der Diskussion wie die meisten Menschen nur recht oberflächlich, erhält man dennoch den Eindruck, als würde in dieser Hinsicht im Moment recht viel geschehen. Reden als Ersatz für Handeln eben. Ich bezeichne dieses ersatzweise Reden statt Handeln gerne als das „Als-ob-Handeln". Dieses ist durchaus funktional, ergibt sich doch aus ihm eine nicht durch Realität gedeckte Zufriedenheit mit den gesellschaftlichen Zuständen. Tatsache scheint aber zu sein, um das eben dargestellte Beispiel zu vertiefen, dass sich die gesellschaftliche Stellung der Frau gar nicht unbedingt verbessert. Die demografische Schieflage der Gesellschaft mit vergrößerter Altersarmut und ungelösten zukünftigen Pflegekosten wird vor allem Frauen belasten. Während noch vor Jahrzehnten eine verheiratete „Durchschnittsfrau" eine relativ freie Entscheidung hatte, ob sie berufstätig oder Hausfrau sein wollte, ist dies heute bei steigenden privaten Haushaltskosten bei gleichzeitiger Absenkung der Witwenrente immer weniger der Fall. Die schon rein ökonomische Notwendigkeit, durch Berufstätigkeit Geld zu verdienen, wird als Fortschritt für die soziale Postition der Frau „verkauft". Die meisten Frauen erfahren diesen „Fortschritt" in Form von einschränkenden Tätigkeiten etwa als Reinigungskraft, als Verkäuferin oder als Arzthelferin. Wie gut, dass es da (an anderer gesellschaftlicher Stelle) doch die Frauenquoten gibt. Diese beschränken sich nun nicht mehr rein auf das Darüber-Reden. Aber sie sind auch für die meisten Frauen so weit von ihren Alltagsproblemen entfernt, dass sie doch nur als **symbolisches Ersatz-Handeln** durchgehen können. Diese leisten eine gewisse Sedierung in der Frauenszene. Einen wirklichen Fortschritt für die meisten Frauen bringen sie nicht.

Die heutige Problematik der Frauen beruht vor allem auch darauf, dass traditionell weiblich besetzte Tätigkeiten wie Hausarbeit, Kinderbetreuung oder Fürsorge für Alte und Kranke innerhalb der Familie vom monetär orientierten Erwerbssystem nicht anerkannt werden. Dieses ist an den klassischen männlichen Rollen der externen Berufstätigkeit orientiert. Wenn Frauen also innerhalb des ökonomisch-politischen Systems Anerkennung finden wollen, müssen sie in das traditionell männlich besetzte Rollenbild des Berufstätigen umsteigen (sofern nicht schon bereits die reine finanzielle Erfordernis sie dazu zwingt). Viele Frauen orientieren sich dabei wiederum an Berufsbildern, die der traditionellen weiblichen Rolle entstammen: Sie werden Erzieherinnen, Krankenschwestern oder Altenpflegerinnen. Da das ökonomisch-monetäre Modell aber die traditionelle Frauenrolle nicht schätzt, begegnen sie auch dort noch schlechteren ökonomischen Bedingungen und einem geringeren Prestige als die Menschen in angestammten „Männerberufen". Und sie müssen sich noch, ihr Selbstbewusstsein schwächend, mit der Kritik auseinandersetzen, warum sie nicht die aussichtsreicheren Berufe in den MINT-Fächern (Mathematik, Informatik, Naturwissenschaften, Technik) gewählt haben. Mit anderen Worten: Frauen finden auch in der Berufswelt vor allem dann Anerkennung, sobald sie den Mann möglichst perfekt imitieren. Dies zeigt sich allein schon in der Kleidung. So wird seit den 1960er Jahren bei den Frauen die Hose als Beinkleidung wichtig. Keinem heterosexuellen Mann würde es hingegen einfallen, außerhalb etwa schottischer Trachtentreffen einen Rock anzuziehen; dies gilt selbst dann, wenn dies in den zunehmend heißen Sommern doch einige Bequemlichkeit schaffen sollte. Es findet kein Rollentausch auf Gegenseitigkeit statt, schon gar nicht wird das männliche Rollenideal geschwächt.

Das klassische Männlichkeitsideal wird im Gegenteil noch dadurch verstärkt, dass es von Frauen teilweise mit übernommen wird, was von diesen zumindest teilweise als „Emanzipation", also als Fortschritt in Richtung einer zunehmenden Rollengleichheit verstanden wird.

Man könnte all das nachvollziehen, wenn die traditionelle weibliche Arbeit der traditionell männlichen Berufstätigkeit im Sinne ihrer sozialen Bedeutung wirklich unterlegen wäre. Das Gegenteil ist der Fall. Gesellschaft und Wirtschaft in Deutschland profitieren in unvorstellbarem Maße von der täglichen Arbeit einer zweistelligen Millionenzahl von Frauen: sowohl in der Hausarbeit als auch in der Berufstätigkeit. Firmen benötigen sicherlich gutausgebildete junge Menschen mit MINT-Abschlüssen. Aber dazu müssen diese erst einmal überhaupt geboren und aufgezogen werden, sie müssen eine häusliche Erziehung, einen Kindergarten und Schulen durchlaufen. Diese Frauenarbeit ist sozial oftmals diskreditiert und sie wird meist schlecht bezahlt.

In der sozialen Realität ist traditionelle Frauenarbeit für die Gesellschaft mindestens so viel wert wie die Arbeit, die in Forschungseinrichtungen, in Technischen Hochschulen, in Dax-Unternehmen und im Bankenwesen geschieht. Dass der Wert traditioneller Frauenarbeit so wenig gesehen wird und sich so wenig in der universellen Geldschöpfung niederschlägt, ist wohl das eigentliche Frauen-Problem. Dies nagt am Selbstbewusstsein vieler Frauen. Wie gut, dass es da Seditativa gibt wie „Darüber-reden" statt Handeln und dass es symbolische Handlungen gibt wie Frauenquoten: zumeist in Bereichen, die für die breite Masse an Frauen ohne konkrete Bedeutung bleiben.

Die Bedeutung des Darüber-redens als Handlungsersatz beschränkt sich jedoch nicht nur auf Geschlechterrollen. Auch in der in den letzten Jahren heftig diskutierten Diesel-Feinstaub-Debatte zeigt sich ein enger umgekehrt reziproker Zusammenhang zwischen dem Problemlösen als solchem und dem Darüber-reden. Je mehr die Feinstaubproblematik zunahm, desto mehr wurde in Politik und Medien darüber geredet. Und in der Vermengung von Reden und Handeln werden Verbraucher und Wähler in Sicherheit gewiegt, was weiterhin hohen Feinstaubwerten zumindest nicht entgegensteht. Problem und Darüberreden stehen so in einer wechselseitigen negativen Selbstverstärkung.

In ähnlicher Form ist auch die Nachhaltigkeitsdebatte so allgemein und unspezifisch gehalten, dass es ihr niemals gelingen wird, auf breiter Front in das konkrete Handeln einzudringen.

Sie liefert jedoch das eigentliche Meta-Konzept für das praktische Darüberreden. Dies sei am Beispiel von Friday-for-Future (im Folgenden kurz: FfF) erläutert.

FfF ist in vieler Hinsicht „erfolgreich". So gelingt es jede Woche, weltweit vielleicht bis zu einigen Hunderttausend vornehmlich junger Menschen zu mobilisieren. Die zentrale Symbolfigur der Bewegung Greta Thunberg besitzt Bekanntheitsgrad und Akzeptanz, welche Pop-Stars und politische Größen neidisch werden lassen. Sie wird vom Papst zur Privataudienz empfangen und von der Präsidentin des Weltwährungsfonds zum Gespräch gebeten. Viele ihrer Anhänger werden dies bereits als Erfolg sehen. Dies ist es aber längst noch nicht. Schließlich sind Greta und ihre Anhänger ja angetreten, um dem (vermutlich) anthropogen bedingten Klimawandel entgegenzutreten. Ein solcher Erfolg ist im Moment noch nicht erkennbar. Gut erkennbar und vor allem äußerst medienwirksam hängen sich die obersten Repräsentanten ein klimafreundliches „Mäntelchen" um, indem sie das durchaus fordernde schwedische Mädchen nicht nur aushalten, sondern dazu auch ein freundliches Gesicht aufsetzen und sich gemeinsam mit ihr abbilden lassen. Das positive Image von Greta färbt so auch ein wenig auf Franziskus wie auch auf Madame Lagarde ab, die beide in der jüngsten Vergangenheit unter starker medialer Kritik standen; der erstere wegen nicht aufgearbeiteter Fälle von Kindsmissbrauch innerhalb seiner Kirche, die andere wegen fragwürdiger Zahlungen französischer Staatsgelder an den Milliardär Bernard Tapie (gerichtliche Verurteilung desselben in einem ordentlichen Verfahren 2016/2017).

Vermutlich werden die meisten FfF-Demonstranten der Überzeugung sein, mit ihrer Demo etwas gegen den Klimawandel geleistet zu haben. Der Nachweis dazu steht jedoch noch aus. Vermutlich wird es in der weiteren Zukunft FfF ähnlich ergehen wie der Jugendbewegung der „Achtundsechziger“: Die meisten jungen Leute, die jetzt so eindrucksvoll freitags auf der Straße zu finden sind, werden in Zukunft eher Beruf, Karriere und Familiengründung nachgehen. Einige wenige werden sich im Anblick der Nutzlosigkeit ihres bisherigen Tuns radikalisieren, was das gesellschaftlich neue Kriminalitätsphänomen des „Klima-Terroristen“ nach sich ziehen könnte. – Klimamäßig unergiebig werden wohl beide Wege bleiben.

26

Nicht-Nachhaltigkeit – eine Folge von „Dummheit" bzw. Gedankenlosigkeit?

Nachhaltigkeit – folgt man den Aussagen der entsprechenden Vertreter – geht einfach. Man muss das nur wollen und einige Vorurteile sozusagen „über Bord werfen". Es ist ja schließlich eine Sache der Vernunft. Wobei wir beim abendländischen Begriff der Vernunft bzw. des Vernünftigen wären.

Vernünftig wäre es sicherlich, die weltweite Maßstabsebene zum Kern eines im Sinne Kants Kategorischen Imperativs zu nehmen. Bei Jonas (1984) liest sich das dann so:

„,Handle so, daß die Wirkungen deiner Handlung verträglich sind mit der Permanenz echten menschlichen Lebens auf Erden'; oder negativ ausgedrückt: ,Handle so, daß die Wirkungen deiner Handlung nicht zerstörerisch sind für die künftige Möglichkeit solchen Lebens'; oder einfach: ,Gefährde nicht die Bedingungen für den indefiniten Fortbestand der Menschheit auf Erden'; oder wieder positiv

K.-D. Hupke, *Warum Nachhaltigkeit nicht nachhaltig ist*, https://doi.org/10.1007/978-3-662-63332-8_26

gewendet: ‚Schließe in deine gegenwärtige Wahl die zukünftige Integrität des Menschen als Mit-Gegenstand deines Wollens ein.'"

Warum ist es aber in der gesellschaftlichen Praxis so unendlich schwer, dieses auf universelle soziale Gültigkeit des Handelns abzielende Prinzip im jeweils Einzelnen zu verankern?

Weil es noch eine anders geartete „Vernunft" gibt, die nicht auf umfassende soziale Verantwortlichkeit, sondern auf den Vorteil des Einzelnen evtl. einschließlich diesem besonders nahestehender Personen ausgerichtet ist.

Es ist nun wohl keinesweg so, dass wir als Individuen nicht gerne auf einen nicht nachhaltigen Lebensstil verzichten würden (zumindest die meisten würden das), wenn dieses Einzelverhalten nun „die Erde retten" würde. Im Gegensatz dazu steht: Wir wissen alle, wie wenig sich ein Einzelverhalten praktisch auf das riesige Gesamtsystem wirklich niederschlägt. Individuelle Verhaltensweisen verbleiben so im Bereich des eher Symbolischen, ohne irgendeinen feststellbaren Gebrauchswert. – Gerade diese nicht bloß subjektiv empfundene, sondern auch tatsächlich existierende Bedeutungslosigkeit des Einzelnen macht es unserer Einzelvernunft so schwer, auf Annehmlichkeiten des Alltags wie Fernflüge oder Individualverkehr zugunsten des „Systems Erde" zu verzichten. „Unvernünftig", zumindest im Wortsinne, ist ein solches „egozentrisches" Verhalten somit keineswegs, da die Größe des (individuellen) Verzichts und die Geringfügigkeit des (globalen) Zugewinns sich so offensichtlich nicht entsprechen.

Dieser Zusammenhang soll im Folgekapitel noch ausgeweitet werden.

27

Handlungsebene I der Nachhaltigkeitsdebatte: das Individuum

Die Nachhaltigkeitsdebatte wird auf zwei Handlungsebenen geführt. Zum einen wird das gesellschaftliche Individuum gefordert, welches aus freien Stücken und aus Überzeugung sein Handeln in Richtung Nachhaltigkeit ändern soll. Zum anderen wird aber auch an den Gesetzgeber appelliert, durch entsprechende Vorschriften und damit Zwänge für mehr Nachhaltigkeit zu sorgen. Beide Handlungsebenen sollen nun nacheinander in ihrer Konstitution und in ihren Konsequenzen nachhaltiges Handeln betreffend untersucht werden.

An das Individuum zu appellieren hat in der abendländischen Geistesgeschichte eine lange Tradition. In der christlichen Tradition entspricht es der Freiheit des Einzelnen, sich für den richtigen Weg zu Gott zu entscheiden. Diese Entscheidung wird allerdings nur für ihn selbst Konsequenzen haben, die im positiven Falle zur Erlösung durch Gott führen.

© Der/die Autor(en), exklusiv lizenziert durch Springer-Verlag GmbH, DE, ein Teil von Springer Nature 2021
K.-D. Hupke, *Warum Nachhaltigkeit nicht nachhaltig ist,*
https://doi.org/10.1007/978-3-662-63332-8_27

In der Nachhaltigkeitsdebatte ist dies deutlich anders. Wie sich ein Individuum verhält, hat nicht in erster Linie direkte Konsequenzen für ihn selbst, sondern in kollektiv gebündelter Form vor allem für den Zustand der Welt. Von daher ist die Freiheit des Einzelnen, sich für nachhaltiges Handeln zu entscheiden, tendenziell auch noch stärker als der christliche Weg zur Erlösung von misstrauischem Fremdbeobachten durch andere begleitet, da die nachhaltige Zukunft der Welt anders als der eher individuelle christliche Zugang zum Paradies doch mehr oder weniger alle trifft. Die Freiheit des Einzelnen zu nachhaltigem Handeln ist also stets auch etwas, das Konsequenzen für andere und für das gesamte Kollektiv nach sich zieht.

Gerade diese Freiheit des Einzelnen bei möglicher Schädigung der Gemeinschaft macht dem Individuum die persönliche Entscheidung zu mehr Nachhaltigkeit schwer. Für die Zukunft der Erde hat das nachhaltige Handeln des einzelnen durchschnittlichen Individuums (so gut wie) keine Konsequenz; ist er doch nur einer von rund acht Milliarden. Die Folgen nachhaltigen Handelns sind damit so gering, dass sie fast nicht ins Gewicht fallen. Die Bedeutung von nachhaltigem Handeln für den Einzelnen, wie bereits im Vorkapitel deutlich wurde, vollzieht sich ausschließlich im Symbolischen und im Pädagogischen (Vorbild für andere).

Die Folgen nachhaltigen Handelns etwa im Sinne von Konsumverzicht fallen dagegen voll auf den Einzelnen zurück. Diese Diskrepanz zwischen nahezu fehlender objektivierbarer Bedeutung und den starken Einschnitten für das Privatleben lassen nachhaltiges Handeln von vornherein als etwas erscheinen, in welchem Opfer und Erfolg in keinem angemessenen Verhältnis zueinander zu stehen scheinen, das also für den Einzelnen recht unattraktiv ist. Keine Frage: Könnten die Menschen durch ein nachhaltiges Leben (was immer das im Detail bedeuten mag) von sich aus den Zustand der Welt entscheidend ver- bessern, würden viele (wenn auch längst nicht alle) diesen Weg gehen. Aber darum handelt es sich ja gerade nicht.

28

Handlungsebene II der Nachhaltigkeitsdebatte: das Kollektiv/der Gesetzgeber

Weil das Individuum bei einer Summe von nahezu acht Milliarden Menschen so offenkundig versagt, wird auch zumeist der Gesetzgeber bemüht, „nachhaltiges" Handeln durchzusetzen. Er hat zweifellos die Macht, dies zu verordnen, zu kontrollieren und gegebenenfalls zu sanktionieren (auf die Tatsache, dass Staaten selbst auf einer höheren Ebene der Weltgemeinschaft wiederum als ca. 190 Individuen erscheinen, was die globale Durchsetzung von Nachhaltigkeitsprinzipien selbst auf staatlicher Ebene wiederum kompliziert macht, soll an dieser Stelle nicht eingegangen werden).

Doch dazu müssen Politiker und Parteien, die solche Nachhaltigkeitsprinzipien vertreten (und dies nicht nur verbal) zunächst einmal gewählt und danach wiedergewählt werden. Wenn man die zunächst folgenlose Frage nach Akzeptanz von Nachhaltigkeit stellt, wird man eine nahezu hundertprozentige Zustimmung erfahren (abgesehen davon, dass dieser von der akademischen

© Der/die Autor(en), exklusiv lizenziert durch Springer-Verlag GmbH, DE, ein Teil von Springer Nature 2021
K.-D. Hupke, *Warum Nachhaltigkeit nicht nachhaltig ist,*
https://doi.org/10.1007/978-3-662-63332-8_28

Mittelschicht vorgegebene und sprachlich etwas sperrige Terminus wie der damit verbundene Diskurs eine zweistellige Millionenzahl von Menschen in diesem Land ohnehin noch nicht erreicht hat). Ganz anders sieht das dagegen aus, wenn konkrete Maßnahmen zur Diskussion stehen. Fahrverbote, Energiepreissteigerung und Anhebung der Wohnnebenkosten könnten der Nachhaltigkeit schon bald die Akzeptanz entziehen. Nein, die „Spaßgesellschaft" eines Guido Westerwelle wird so bald nicht der Kerninhalt staatlichen Regierens werden. Andererseits wollen sich die Bürger auch nicht jeden Spaß nehmen lassen. Hier liegen die Probleme der Durchsetzbarkeit von Nachhaltigkeit, sobald die reine Rhetorik verlassen und die Handlungsebene angestrebt wird (Handlungsebene hier nicht als rein symbolischen Handeln verstanden; z. B. den Müll zu sortieren, um ihn anschließend wieder zusammenzukippen).

Politiker sind nur für eine wenige Jahre umfassende Zeitspanne gewählt. In dieser müssten durchweg kostenaufwendige und damit eher unpopuläre Maßnahmen umgesetzt werden, deren Früchte man, gerade im Sinne der Nachhaltigkeit, möglicherweise erst Generationen später genießen könnte. Diese späteren Generationen wählen aber gerade heute eben nicht!

Die repräsentative parlamentarische Demokratie ist zu vielem geeignet; zu einer vorrangigen Berücksichtigung der Interessen zukünftiger Generationen aber wohl überhaupt nicht.

Wobei man sich als gegenteiliges Modell den hohen sozialen Preis etwa einer „Ökodiktatur" durchaus kritisch durch den Kopf gehen lassen sollte.

29

„Ökologische", wirtschaftliche, soziale und kulturelle Perspektiven müssen in einem mühsamen Diskurs gegeneinander ausbalanciert werden: Das scheinbare gemeinsame Dach von Nachhaltigkeit schadet in diesem Zusammenhang nur

Die vorangehenden Kapitel versuchten aufzuzeigen, warum das Konzept der Nachhaltigkeit nicht funktioniert; ja, gar nicht funktionieren kann.

Zunächst besteht ein **Ziel-Problem.** Weder ist klar, wie ein Ökosystem überhaupt funktionieren soll, noch wird man sich über das einigen können, was nachhaltige Ökonomie ausmacht. Was für die einen die Fortschreibung ihrer Gewinne und der bestehenden Besitzstruktur ist, ist für die anderen eine grundlegende Umverteilung. Noch diffuser erscheint die Ziele-Diskussion innerhalb der sozialen Säule der Nachhaltigkeit. Ist für die einen eine bunte Vielfalt an Lebensformen nachhaltig, ist dies für andere der Rekurs auf traditionelle Familienstrukturen. Schlimmer ist, dass innerhalb der Nachhaltigkeitsdebatte überhaupt **kein Instrument** zur Verfügung steht, **konkrete Nachhaltigkeit zu definieren.** Jeder fasst darunter seine konkreten materiellen Interessen oder ideellen Vorlieben. Damit ist auch jede Chance zur Überzeugung des anderen vertan, weil noch nicht einmal ein verbindender Diskussionsansatz oder Wertekanon zur Verfügung steht. Der Nachhaltigkeitsdiskurs leidet darunter, dass sich unter Nachhaltigkeit jeder inhaltlich etwas Anderes (Positives) vorstellt. Die Nachhaltigkeitsdebatte ist gut zu führen, so lange man inhaltlich ganz allgemein bleibt. Der Diskurs hat dann den Wert von Aussagen wie „Vieles läuft falsch" oder „Es muss besser werden". Da wird dann zunächst noch jeder zustimmen. In der konkreten Umsetzung werden sich dagegen inhaltliche Differenzen zeigen, die den Turmbau zu Babel noch im Vergleich als Erfolgsprojekt erscheinen lassen.

Damit zeigt sich auch ein **Methoden-Problem** im Bereich **mangelnder Messbarkeit/Operationalisierbarkeit.** Es gibt kein das „Ökologische" mit dem Ökonomischen und dem Sozialen verbindendes Verfahren oder System, wie man Nachhaltigkeitsansätze inhaltlich bestimmen, berechnen und damit in ein System der Vergleichbarkeit übersetzen könnte.

Wenn Ziele und Methoden je gesichert wären, Nachhaltigkeit in konkreten Maßnahmen zu erfassen, bestünde immer noch ein **Realisierungsproblem.** Moralische Imperative, die nicht an einen konkreten Eigennutzen gebunden sind, wirken ja nicht einfach so. Nicht nur Individuen, auch Parteien, Unternehmen und Organisationen sind Optimizer im Sinne ihres jeweiligen strukturellen Vorteils. Abhilfe schaffen könnte nur ein Zwangsbewirtschaftungssystem, bei dem unklar bleibt, wer als steuernde Kraft wirkt und woher er seine moralische Autorität bezieht. Gewählte Volksvertreter und Parlamente wären ebenso wie das einzelne Individuum (als Wähler und als Konsument) überfordert, die Komplexität von Nachhaltigkeitswirkungen zu überschauen, agieren zudem höchst kurzlebig und reduziert auf gesellschaftliche Diskurse, die oft nur den Charakter von eingängigen Werbebotschaften besitzen.

Viele Nachhaltigkeitseffekte wirken im **Gegenläufigkeitseffekt.** So lässt sich eine verstärkte wirtschaftliche Entwicklung der sog. Dritten Welt kaum vorstellen ohne materielles Wachstum und damit Einbußen im Nachhaltigkeitsfeld der „Ökologie". Eine verbesserte medizinische Versorgung mag vielleicht sozial „nachhaltig" wirken bei Alten und Kranken; für das Sozialversicherungssystem ist sie das mit Sicherheit nicht. – Die entsprechenden Beispiele ließen sich fast beliebig lange fortsetzen.

Was ist zu tun? Zunächst einmal ist die Einsicht wichtig, dass es immer nur partielle Lösungen geben wird. Mit globaler Nachhaltigkeit, wie sie heute verstanden wird, hat dies nichts gemeinsam. Diese partiellen Lösungen wird man auf ihre hauptsächlichen (Neben-) Wirkungen hin untersuchen müssen. Dabei wird es bei jedem Prozess immer auch Verlierer geben. Für einen Manager der Autoindustrie ist nun mal „nachhaltig", wenn der Absatz von Fahrzeugen dauerhaft steigerbar ist. Mag sein, dass dies irgendwann (vielleicht sehr viel später, als wir alle denken) an Grenzen stößt. Aber deshalb eine Ausrichtung auf Stagnation zu favorisieren, ist aus dieser Sicht heraus nicht nachhaltig. Sie ist zwangsläufig mit Gewinneinbrüchen und Entlassungen verbunden. „Nachhaltigkeit" – richtig verstanden – muss immer auch weh tun. Strukturveränderungen zugunsten des „ökologischen" Bereichs müssen durch wirtschaftliche (und soziale) Einbußen gegenfinanziert werden. – Wir müssen erkennen, dass sich nicht gleichzeitig der Regenwald schützen und die Energieerzeugung auf nachwachsende Rohstoffe umstellen lässt. – Wir müssen Prioritäten setzen. Wie diese jeweils aussehen sollen, sollte nicht nur ökonomischen und politischen Machtmechanismen überlassen bleiben, sondern auch einem allgemeinen gesellschaftlichen Diskurs unterliegen. Wie schlecht dieser sich gegen die vorgenannten Interessen wird behaupten können, hat dieses Buch bereits wiederholt festgestellt. Immerhin ist bereits eine Diskussion in diese Richtung als Fortschritt zu bewerten und schärft die allgemeine Reflexion. Viel mehr wird wohl nicht zu erreichen sein. – Hierin liegen die Grenzen der viel beschworenen Nachhaltigkeit.

30

Zur Rolle der Wissenschaft im Nachhaltigkeitsdiskurs

Die Rolle der Wissenschaft innerhalb der Nachhaltigkeitsdebatte ist komplexer Natur. Zunächst war und ist die Wissenschaft Ideengeber für das Gedankenkonstrukt der Nachhaltigkeit insgesamt wie für die konkreten Zielvorgaben von Nachhaltigkeit. Zum anderen stammen die Detailkenntnisse über Nachhaltigkeit aus den Wissenschaften sowie alles Wissen über Störungen und Fehlleistungen, welche diese Nachhaltigkeit verhindern. Dies ist alleine dadurch gegeben, dass unter dem Begriff „Wissenschaft" alle systematischen Versuche der Gesellschaft zusammengefasst werden, gesellschaftlich relevantes Wissen zu produzieren, zu verwalten und handlungsrelevante Erkenntnisse daraus strukturiert abzuleiten. Letztere Eigenschaft trennt Wissenschaft von reinen Datenbanken, wie etwa der Datei des Bundeskriminalamts oder Einwohnermeldedateien der Gemeinden, auch wenn Wissenschaft solche oder ähnliche Datenbanken durchaus für ihre Arbeit benötigt.

© Der/die Autor(en), exklusiv lizenziert durch Springer-Verlag GmbH, DE, ein Teil von Springer Nature 2021
K.-D. Hupke, *Warum Nachhaltigkeit nicht nachhaltig ist,*
https://doi.org/10.1007/978-3-662-63332-8_30

Von daher ist Wissenschaft stets federführend am Nachhaltigkeitsdiskurs beteiligt, wobei im zentralen Bereich der „Ökologie" die Naturwissenschaften für die nötige Detailforschung sorgen, Sozial- und Wirtschaftswissenschaften sowie die eigentlichen Geisteswissenschaften sich den übrigen „Säulen der Nachhaltigkeit" verpflichtet fühlen bzw. Nachhaltigkeit selbst als soziales Konzept im Blick haben.

Längst ist jedoch der Nachhaltigkeitsdiskurs, anders als ansonsten sehr viele Inhalte der Fachwissenschaften, nicht bei den Fachleuten verblieben. Die Medien, und damit die mit diesen eng verbundenen gesellschaftlichen Subsysteme Politik und Wirtschaft (s. a. Luhmann, 2008) haben sich des Gedankengebäudes angenommen und dieses mit ihren Partial-Interessen erfüllt, damit im eigentlichen Sinne aber auch erst populär und damit auch zu einem gesellschaftlichen Problem werden lassen.

Nun ist Wissenschaft, anders als in den Freiheitsrechten des Grundgesetzes gefordert, ja nicht so ganz unabhängig von Politik und Wirtschaft zu sehen. In den vergangenen Jahrzehnten wurde die wissenschaftliche Forschung nach angelsächsischem („internationalen") Vorbild zunehmend an die Drittmittel-Einwerbung angebunden. Die dafür von Politik und Unternehmensstiftungen zur Verfügung gestellten Mittel sind damit, anders als für die Wissenschaft im ideellen Kern gelten sollte, keineswegs unabhängig von Forschungsinteressen und intendierten Forschungsergebnissen zu sehen.

Die Wissenschaft selbst hat durchaus den Anstoß gegeben für das große und immer noch wachsende Interesse an den vielen Aspekten von Nachhaltigkeit, vor allem aber am „Marken-Label" des Begriffs „Nachhaltigkeit". Dieses wirkt nun selbst mit durch politische Programme und von Unternehmensstiftungen zur Verfügung gestellten Finanzierungsmitteln auf die Wissenschaft zurück. Wissenschaftler und Wissenschaft können nun, wollen sie sozial erfolgreich sein, eigentlich gar nicht anders, als diese zur Verfügung gestellten Mittel für Mitarbeiter und Ressourcen anzunehmen und diese „nachhaltigkeitsverstärkend" wieder in Form von neuen Erkenntnissen zur Nachhaltigkeit zurückfließen zu lassen.

Ein großer Teil des gesellschaftlichen Erfolges von „Nachhaltigkeit" als neues gesellschaftliche Leitbild ist sicherlich nicht auf den störrischen Begriff selbst zurückzuführen, sondern auf die oben genannte gegenseitige Selbstverstärkung von Wissenschaft, Politik und Wirtschaft im Rahmen eines allen gesellschaftlichen Subsystemen nützlichen Diskurses.

31

Zu Bedeutung und Stellenwert von Nachhaltigkeit im Nach-Corona-Umbau der Gesellschaft

Im Jahr 2020 fand wohl der seit Ende des Zweiten Weltkriegs tiefste Einschnitt in den weltweiten Gesellschaften statt. Weltweit wurden monatelang große Teile der Wirtschaft wie auch das öffentliche, teilweise auch das private Leben nahezu stillgelegt. Betrachtet man diese Krise unter den Aspekten des Nachhaltigkeitsansatzes, sind zweierlei Wirkungsmechanismen strikt zu unterscheiden:

Zum einen der **kurzfristige Effekt,** der sich aus dem Lock-down herleitet. Diesen unter Nachhaltigkeitskriterien zu betrachten, ist an sich schon problematisch, weil er sich (vermutlich) nur auf wenige Monate beschränkt, mit sich abschwächender Tendenz auch ein wenig länger. Nachhaltigkeit generell hat aber im Gegensatz dazu lange Zeitperspektiven im Focus. Kurzfristige Effekte sind von daher zwar durchaus schädlich oder aber auch wünschenswert, aber eben gerade nicht „nachhaltig".

Dennoch wird in den Medien neben den bekannten negativen ökonomischen und sozialen Folgewirkungen

© Der/die Autor(en), exklusiv lizenziert durch Springer-Verlag GmbH, DE, ein Teil von Springer Nature 2021
K.-D. Hupke, *Warum Nachhaltigkeit nicht nachhaltig ist,*
https://doi.org/10.1007/978-3-662-63332-8_31

der Krise durchaus als positiver Nebeneffekt vermerkt,
dass etwa die Feinstaubbelastung in China durch das zeit-
weilige Stilllegen der Industrie wie auch durch strikte
Mobilitätsbeschränkungen stark zurückgegangen sei („Der
Himmel über China ist wieder klar").

Nur über China?
Bis in den März hinein war in Deutschland das Frühjahr relativ feucht gewesen. Von Mitte März ab gab es
zumindest in Heidelberg bis Ende April so gut wie keinen
Niederschlag mehr; danach bis zum Sommerende nur
relativ wenig (was allerdings auch in den Vorjahren der
Fall war). Mehr noch: Ab dieser Zeit fiel mir sehr auf,
was ich erst im Nachhinein zu erklären versuchte: dass
die Sicht unglaublich gut war, die Atmosphäre kristallklar
und völlig ohne den üblichen Dunst in der Ferne. – Möglicherweise ist der nun fehlende Flugverkehr der Grund
für die dieses Frühjahr äußerst geringen Niederschläge
gewesen. Es fehlen in der Höhe eben die entsprechenden
Kondensationskerne (Aerosole) für Wolkenbildung und
Niederschlag. Zum Sommer hin erholte sich der Flugverkehr wieder ein wenig, was weniger auf Passagiere als auf
die Wahrung der Time-Slots durch die Fluggesellschaften
zurückzuführen war.

Möglicherweise hatte in der Vergangenheit der enorme
(anthropogene) Flugverkehr den vermutlich anthropogenen Klimawandel auch ein wenig abgemildert, indem
viel Strahlung schon in großer Höhe durch eine größere
Wolkenbedeckung absorbiert wurde. Möglicherweise hat
der Flugverkehr in der Summe einen mildernden Einfluss auf den Klimawandel. Allerdings muss man auch
hier mit verallgemeinernde Aussagen vorsichtig sein, da
der klimatische Effekt der Wolken sehr von ihrem Wasser-
gehalt und ihrer Höhe abhängt. – Man muss eben auch

in der Nachhaltigkeitsdebatte in inneren Widersprüchen und Gegenläufigkeiten (Hegel und Marx hätten gesagt: dialektisch) denken. Die Nachhaltigkeitsdebatte macht dies insgesamt auch nicht einfacher.

Ein ganz anderer Wirkungsstrang der Pandemie schöpft sich allerdings aus deren **Dauerwirkung.** Die Corona-(Covid-19)-Krise brachte nicht nur monatelang das wirtschaftliche, das öffentliche und soziale Leben nahezu zum Stillstand, sondern **veränderte auch Lebensformen und Wertehierarchien,** womöglich **dauerhaft.** Darunter sollen mehrere übergeordnete Einflüsse aufgegriffen werden:

- Eine zunehmende Digitalisierung des öffentlichen und privaten Lebens, welche analoge Begegnung ersetzt (etwa Online-Kontakte anstelle Behördenbesuchen, Online-Teaching anstatt analoger Schule und Hochschule, Online-Shopping anstelle analogen Einkaufens, Online-Bezahlungsvarianten bei tendenzieller Abschaffung des Bargelds etc.)
- Zunehmendes räumliches, aber auch soziales Abstandhalten (social distancing)
- Eine verstärkte Wertschätzung des von Klimaschützern und Stadtplanern zuletzt oft doch recht deutlich diskreditierten Individualverkehrs („das Auto kehrt zurück").

War es bislang aus der Nachhaltigkeitsperspektive klar, dass das Auto weitgehend verschwinden sollte, angefangen von den Innenstädten, ist dieser Nachhaltigkeitsaspekt nun überlagert von den Corona-Erfahrungen, wonach der (unverzichtbare) Öffentliche Personenverkehr zu einem Teil an Neuinfektionen beigetragen haben könnte. Dieser Nachteil des öffentlichen gegenüber dem privaten Verkehr könnte nur mit größten Kosten minimiert werden, wie insbesondere der Schaffung von komplett abgeschlossenen Kleinkabinen (je nach Beziehungs- und Familienkonstellation als Single-, Doppel- oder Vierer-Abteil) in Bussen, Straßenbahnen, Vorort- und Fernzügen. Wobei dann immer noch das Problem von Personen-massierungen an Haltestellen und Bahnsteigen verbliebe. Kurz: Eine räumliche Separierung der Fahrgäste wie beim Individualverkehr wird beim Öffentlichen Verkehr niemals zu erreichen sein. Schlimmer noch: Auch der Individual-verkehr kann seine maximale infektionsverhindernde Wirkung nur dann entfalten, wenn er nicht (etwa auf dem Weg zum Arbeitsplatz) im Sinne bisher stets empfohlener Fahrgemeinschaften und Mitfahrgelegenheiten daher-kommt.

Doch auch an anderer Stelle wird der infektionsver-hindernde Abstand der Menschen zueinander nicht nur teuer, sondern auch das Gegenteil von „ökologisch nach-haltig". Lebensmittelmärkte und andere Ladengeschäfte sollten in Zukunft räumlich großzügiger gebaut werden mit erweiterten Passagen zwischen den Regalen. Treppen-aufgänge und Aufzüge müssen ebenfalls die neuen Abstandsformate möglich werden lassen.

Auch Sportstadien und Theater- wie Konzertsäle, bis-lang Musterbeispiele dichter Menschen-Packungen, sind in Zukunft nur unter Wahrung von Abstandsregeln denkbar. Hier werden ebenfalls zusätzliche Ressourcen benötigt, die dem bisher vertretenen Nachhaltigkeitsansatz völlig widerstreben.

Insbesondere ist aber auch auf die räumlichen Distanz-möglichkeiten in den untersten sozialen Schichten der Gesellschaft zu achten. Überfüllte Flüchtlingslager, nicht nur auf vorgelagerten griechischen Inseln, sondern auch solche in Deutschland, sind eine Quelle für Infektionen: nicht nur für die betroffenen Bewohner, sondern auch für außerhalb Wohnende. Nicht, weil die Bewohner von vornherein infektiös wären, sondern weil sich Infektionen unter diesen räumlich hoch verdichteten Verhältnissen besser ausbreiten. – Auch ansonsten müssen Wohnbedingungen ent-dichtet werden. Dass eine vierköpfige Familie, wie etwa in den Arbeitervierteln im Westen Heidelbergs zu beobachten, eine Zweizimmerwohnung belegt, ist unter den Kriterien des Seuchenschutzes schlichtweg nicht mehr verantwortbar. Wie sollte hier auch ein erkranktes Familienmitglied in einem Einzelzimmer isoliert werden?

Keine Frage: Corona hat den bereits vorher vorhandenen vielfältigen Nachhaltigkeitsperspektiven noch eine weitere wichtige hinzugefügt. Die in Vor-Corona-Zeiten gültige Opposition zwischen „ökologischer" und ökonomischer Nachhaltigkeit scheint, unter Schwächung beider, an Bedeutung verloren zu haben. Zugelegt hat dagegen die „gesundheitliche Nachhaltigkeit" als besonderer Aspekt der sozialen „Säule" der Nachhaltigkeit.

32

Was sich aus der Pandemiensituation für die Nachhaltigkeitsstrategien lernen lässt

Es ist nun Frühjahr 2021. Die Corona-Krise ist nicht ausgestanden. Zwar gibt es Hoffnungen, die in neuen Impfstoffen liegen. Aber von im Infektionsweg verwandten Grippe-Erregern weiß man bzw. meint man zu wissen, dass kein vergleichbarer Schutz zu erwarten ist wie bspw. bei der Impfung gegen Pocken oder Kinderlähmung. Immerhin ist bei Impfung ein milderer Verlauf der Krankheit in Sicht; wobei am Horizont bereits wieder neue Varianten von Covid-19 mit fraglichem Schutz durch bestehende Impfstoffe auftauchen. Möglicherweise wird uns die Pandemie noch sehr lange begleiten. Grund genug, auch aus Nachhaltigkeitsüberlegungen heraus ein paar Betrachtungen anzustellen.

Der Lockdown, welcher ja der gesamten Gesellschaft zugutekommen sollte (wer selbst nicht alt oder vorerkrankt ist, hat meist Eltern oder Großeltern), hat der Gesellschaft in Friedenszeiten einmalig große Opfer abverlangt. Die Wirtschaftsleistung fast aller Staaten

© Der/die Autor(en), exklusiv lizenziert durch Springer-Verlag GmbH, DE, ein Teil von Springer Nature 2021
K.-D. Hupke, *Warum Nachhaltigkeit nicht nachhaltig ist,*
https://doi.org/10.1007/978-3-662-63332-8_32

(Ausnahme: China) sank um mehrere Prozent. Von vielen Kämpfern für ein stabiles Erdklima wird dieser gigantische gesellschaftliche Kraftaufwand (in sozialer wie in ökonomischer Hinsicht) als ein Beleg genommen, dass doch erhebliche Einschränkungen sowohl wirtschaftlich machbar als auch sozial akzeptiert sind, wenn nur das Bewusstsein für deren Notwendigkeit geschaffen wird. – Ein Beispielfall also für die Durchsetzbarkeit vergleichbarer Einschränkungen beim Klimaschutz?

Nicht ganz. Bis zum Redaktionsschluss dieses Buches galten die Pandemie und der damit verbundene Lockdown als zeitlich befristet. Das hat die Akzeptanz bei großen Bevölkerungsteilen sicherlich erhöht. Beschränkungen wurden regelmäßig nur wochenweise verlängert. Der nächste Sommerurlaub konnte damit frei geplant werden.

• Nur durch große Einschränkungen auf Dauer kann dagegen der Klimawandel bekämpft oder gar verhindert werden. Die Analogie zum Klimaschutz geht in diesem Punkt fehl. Dauerhafte Einschränkungen können nur mit großer Mühe, wenn überhaupt, in einer demokratisch-parlamentarischen Gesellschaft vertreten werden, bei denen Wahlen regelmäßig mit Glücks- und Erfolgsversprechungen, denen der Produktwerbung nicht ganz unähnlich, gewonnen werden.

Und was man noch aus dem Lockdown lernen kann: Dieser ist, nun doch in Analogie zur ökologischen Nachhaltigkeit/zum Klimaschutz, keineswegs sozial und ökonomisch nachhaltig gewesen. Millionen von Existenzen im spezialisierten Einzelhandel, bei Friseurgeschäften, in der Gastronomie sowie im Tourismus stehen wirtschaftlich „auf der Kippe", um nicht zu sagen: sind vernichtet worden. Auch dies könnte zeigen, was im Falle eines konsequenten Klimaschutzes auf uns zukommen könnte und was in keiner Weise in das verträglich-ausgleichende Drei-Säulen-Modell des Nachhaltigkeitsansatzes eingearbeitet ist.

Eine Frage am Schluss, die ebenfalls nicht ohne Konsequenzen für vergleichbare mögliche Opfer für den Klimaschutz als einen Kernansatz des Nachhaltigkeitsgedankens ist, mögen die Leser sich selbst beantworten:

Die den Lockdown anordnenden bzw. den Lockdown als Maßnahmenkatalog umsetzenden und kontrollierenden Politiker, hohen Beamten und Richter waren sämtlich von persönlichen materiellen Einbußen desselben in keiner Weise betroffen. Ob der Lockdown auch zustande gekommen wäre, wenn diese in „Kurzarbeit" geschickt worden wären bei 40 % Gehaltseinbuße? Oder wenn wie bei vielen Dienstleistungsunternehmern der Lockdown ihre wirtschaftliche Existenz ruiniert hätte?

- Die betroffenen Berufsgruppen würden auf diese Feststellung hin sicherlich argumentieren, dass sie viel, in Zusammenhang mit dem Lockdown möglicherweise auch noch mehr arbeiten müssen. Das könnte stimmen. Die vorliegende Monographie will auch niemanden verunglimpfen. – An der Tatsache, dass diese beruflichen Funktionsgruppen etwas angeordnet haben, dessen materielle Konsequenzen sie letzten Endes nicht selbst tragen mussten, ändert dies jedoch nichts.

Was bedeutet das für die Umsetzung von Nachhaltigkeitsansätzen, speziell auch im Klimaschutz? Ob man Politiker, Beamte und Richter von den hohen Kosten eines Klimaschutzes vielleicht besser doch ausdrücklich ausnehmen sollte?

„Politisch" sicherlich kaum zu vermitteln – sachdienlich wäre dies aber möglicherweise schon. Bei den Kürzungen in der Altersversorgung der Schröder´schen Agenda 2010 hat das ja auch schon geklappt.

Nachklapp

Mitte September 2018. In Deutschland ist der Sommer noch nicht zu Ende. Er war der vielleicht längste und in der Summe wärmste der jüngsten Klimageschichte; zumindest aber der trockenste. Von vielen wird dies auf eine vom Menschen induzierte Klimaerwärmung zurückgeführt. Auf Einladung des kalifornischen Gouverneurs Jerry Brown treffen sich rund 4000 Menschen für drei Tage in San Francisco zu einem Weltklimagipfel, davon etwa 160 alleine aus Baden-Württemberg. Sie haben zu diesem Zweck eine Gesamtflugstrecke von vielleicht 40 Mio. km zurücklegen müssen. Dazu wurden größenordnungsmäßig fast 2 Mio. l Kerosin verbraucht, das sind 2000 m³. Damit hätte man eine mitteleuropäische Kleinstadt einen ganzen Winter hindurch beheizen können.

Sicherlich jedoch wird durch die in den Medien durchaus beachtete Konferenz weltweit eine gewisse öffentliche Aufmerksamkeit auf die Veränderung des Klimas gelenkt.

© Der/die Herausgeber bzw. der/die Autor(en), exklusiv lizenziert durch Springer-Verlag GmbH, DE, ein Teil von Springer Nature 2021
K.-D. Hupke, *Warum Nachhaltigkeit nicht nachhaltig ist*, https://doi.org/10.1007/978-3-662-63332-8

193

Schließlich gilt es ja auch, dem damaligen US-Präsidenten als „Klimaverweigerer" entgegenzutreten. Und es handelt sich bei den Kongressteilnehmern ja vorrangig um einschlägige Politiker und Professoren, also um wichtige Multiplikatoren des Klimaschutzgedankens. Und sämtlich um Personen, welche allein schon von Berufs wegen Mantra-artig uns allen die dringende Empfehlung ausgeben, aus Klimaschutzgründen auf Fernflüge zu verzichten.

Allerdings hätte man zur Gewinnung medialer Aufmerksamkeit ersatzweise auch eine Videokonferenz durchführen können. Diese hätte zusätzlich und ebenfalls medienwirksam die Möglichkeit geboten, etwa ganz „normale" Menschen, auch aus den ärmeren Ländern der Dritten Welt, zuzuschalten, um ihre Meinung anzuhören.

San Francisco besitzt im verbreiteten Verständnis Urlaubsqualitäten, die wohl nicht mehr zu überbieten sind. Neben Sightseeing in der wirklich bezaubernden Stadt selbst wird im Beiprogramm des Kongresses durchaus auch ein Wald mit zweitausendjährigen Mammutbäumen angeschaut. Wenn man Ministerpräsident ist, auch mit mitreisender Ehefrau. Die ja rein protokollarisch anders als bei einem Staatsbesuch nicht so ohne weiteres erforderlich wäre. Urlaub halt. Wie ihn der Durchschnittsbürger auch gerne macht. Sofern er das nötige Geld dazu besitzt und sich durch die Klimawarnungen von Umweltpolitikern nicht allzu sehr beeinträchtigen lässt.

Selbstverständlich sind diese Politiker, Vertreter von Umweltverbänden und Wissenschaftler wie bereits erwähnt wichtige Multiplikatoren für die Idee des anthropogen bedingten Klimawandels. Mit einer Vermischung von beruflichem Ethos und Urlaubsgedanken werden sie aber gerade eben diesem Anspruch nicht gerecht. Sie haben damit zunächst einmal in der Propagierung des „Bitte-keine-Fernflüge" versagt.

Dem baden-württembergischen Ministerpräsidenten ist diese Reise persönlich durchaus zu gönnen. Er arbeitet hart und hat auch ein wenig Erholung in einem ansprechenden Ambiente verdient. Aber hart zu arbeiten und ab und an Erholung nötig zu haben, ist das Schicksal vieler. In der Summe entsteht daraus ein wichtiger Teilschaden für das Weltklima.

War der Weltklimagipfel in San Francisco nun nachhaltig?

Ja, die Konferenz war nachhaltig. – Oder aber auch wieder nicht. Die Frage an sich schon ist nicht klar zu beantworten. Sie beruht auf der jeweiligen Perspektive.

Was man vom Weltklimagipfel auch noch lernen kann: Nicht nachhaltig, das sind zunächst einmal die anderen.

Literatur

Barske, H. (2020). *Die Energiewende zwischen Wunsch und Wirklichkeit.* Oekom.

Barth, B., et al. (2018). *Praxis der Sinus-Milieus. Gegenwart und Zukunft eines modernen Gesellschafts- und Zielgruppenmodells.* Springer.

Bourdieu, P. (1987). *Die feinen Unterschiede. Kritik der gesellschaftlichen Urteilskraft* (Aus dem Frz. übersetzt v. B. Schwibs und A. Russer). Suhrkamp.

Bundesministerium für Ernährung und Landwirtschaft (BMEL) (Hrsg.). (2015). *Agrarpolitischer Bericht der Bundesregierung.* BMEL.

Corsten, H., & Roth, S. (2012). Nachhaltigkeit als integriertes Konzept. In H. Corsten, & S. Roth (Hrsg.), *Nachhaltigkeit.* Gabler. https://doi.org/10.1007/978-3-8349-3746-9_1.

Crutzen, P., & Graedel, T. E. (1994). *Chemie der Atmosphäre – Bedeutung für Klima und globale Umwelt.* Spektrum.

Easterlin, R. (2001). Income and happiness: Towards a unified theory. *The Economic Journal, 111*, 465–484.

Erler, B. (2012). *Tödliche Hilfe. Bericht von meiner letzten Dienstreise in Sachen Entwicklungshilfe* (15. Aufl.). Dreisam.

Franz, J. H. (2014). *Nachhaltigkeit, Menschlichkeit, Scheinheiligkeit – Philosophische Reflexionen über nachhaltige Entwicklung.* Oekom.

Gehlen, A. (1969). *Moral und Hypermoral. Eine pluralistische Ethik.* Athenäum.

Geldmann, J., & Gonzales-Varo, J. P. (2018). Conserving honey bees does not help wildlife. High densities of managed honey bees can harm populations of wild pollinators. *Science, 359*, 392–393.

Grober, U. (2013). *Die Entdeckung der Nachhaltigkeit. Kulturgeschichte eines Begriffs.* Kunstmann.

Grünwald, A., & Kopfmüller, J. (2012). *Nachhaltigkeit* (2. Aufl.). Campus.

Haase, H. (2020) Die Dimensionen der Nachhaltigkeit – Ökologie, Ökonomie, Soziales. In: *Genug, für alle, für immer.* Springer. https://doi.org/10.1007/978-3-658-31220-6_4.

Haeckel, E. (1866). *Generelle Morphologie der Organismen* (Bd. 2). Reimer.

Hagerty, M. R., & Veenhoven, R. (2003). Wealth and happiness revisited. *Social Indicators Research, 64*, 1–27.

Hartig, G. L. (1993). *Grundsätze der Forst-Direction.* Georg-Ludwig-Hartig-Stiftung (Erstveröffentlichung 1803).

Henkel, P., & Henkel-Waidhofer, J. (2011). *Winfried Kretschmann: Das Porträt.* Herder.

https://www.dge.de/ernaehrungspraxis/vollwertige-ernaehrung/10-regeln-der-dge/. Zugegriffen: 2. Febr. 2019.

Hupke, K.-D. (2000). Der Regenwald und seine Rettung. Zur Geistesgeschichte der Tropennatur in Schule und Gesellschaft. Habilitationsschrift. Duisburg

Hupke, K.-D. (2019a). Landschaftskonflikte um Naturschutzfragen: Der Naturschutz als schwächster der konkurrierenden Akteure? In K. Berr & C. Jenal (Hrsg.), *Landschaftskonflikte* (S. 241–246). Springer VS.

Hupke, K.-D. (2019b). Naturschutz. In O. Kühne, F. Weber, K. Berr, & C. Jenal (Hrsg.), *Handbuch Landschaft* (S. 479–487). Springer VS.

Hupke, K.-D. (2020). *Naturschutz – Eine kritische Einführung* (2. Aufl.). Springer.

Jonas, H. (2020). *Das Prinzip Verantwortung*. Suhrkamp (Erstveröffentlichung 1984).

Kasser, T., & Ryan, R. M. (1993). A dark side of the American dream: Correlates of financial success as a central life aspiration. *Journal of Personality and Social Psychology, 65*(2), 410–422.

Koch, W. (1957). *Vom Urwald zum Forst*. Franckh'sche Verlagshandlung.

Luhmann, N. (2008). *Ökologische Kommunikation Kann die moderne Gesellschaft sich auf ökologische Gefährdungen einstellen?* (5. Aufl.). VS Verlag.

Malthus, T. R. (1798). *An essay on the principle of population*. John Murray.

Meadows, D. (Hrsg.). (1972). *The limits to growth. A report for the club of Rome's project on the predicament of mankind*. New York: Universe Books.

Ott, K., & Döring, R. (2011). *Theorie und Praxis starker Nachhaltigkeit*. Metropolis.

Paech, N. (2012). *Nachhaltiges Wirtschaften jenseits von Innovationsorientierung und Wachstum* (2. Aufl.). Metropolis.

Pufé, I. (2014). *Nachhaltigkeit* (2. Aufl.). UVK.

Richters, O., & Siemoneit, A. (2019). *Marktwirtschaft reparieren. Entwurf einer freiheitlichen, gerechten und nachhaltigen Utopie*. Oekom.

Sächsische Carlowitz-Gesellschaft. (Hrsg.). (2013). *Die Erfindung der Nachhaltigkeit – Leben, Werk und Wirkung des Hans Carl von Carlowitz*. Oekom.

Steffan-Dewenter, I., & Tscharntke, T. (2000). Resource overlap and possible competition between honey bees and wild bees in central Europe. *Oecologia, 122*, 288–296.

Traub, C. (2020). *Future for Fridays? Streitschrift eines jungen Fridays for Future Kritikers*. Quadriga.

von Carlowitz, H. C. (2012). *Sylvicultura oeconomica. Hauswirthliche Nachricht und naturmäßige Anweisung zur wilden Baum-Zucht.* Remagen (Erstveröffentlichung 1713).

Verein für Ökologie und Umweltforschung. (Hrsg.). (2017). *Mythen in der Energiewirtschaft – Wunsch und Wirklichkeit. Umwelt – Schriftenreihe für Ökologie und Ethnologie 40.* Facultas.

Wackernagel, M., & Rees, W. (2010). *Der Ecological Footprint. Die Welt neu vermessen.* Europäische Verlagsanstalt.

Walter, H., & Breckle, S.-W. (1991). *Ökologie der Erde. Bd. 2: Spezielle Ökologie der Tropischen und Subtropischen Zonen.* Fischer.

Walz, U., & Stein, C. (2014). Indicators of hemeroby for the monitoring of landscapes in Germany. *Journal for Nature Conservation, 22,* 279–289.

World Commission on Environment and Development. (Hrsg.). (1987). *Our common future.* University Press.

Printed in the United States
by Baker & Taylor Publisher Services